U0111938

婦幼天地

35

女性
自然美容法

中島 一／著
吳雅菁／譯

大展出版社有限公司
DAH-JAAN PUBLISHING CO., LTD.

大展好書 好書大展

目錄

第3章 何謂美麗肌膚之大敵

第4章　從科學的角度來探討

第5章　何謂化妝品……一〇九

第6章　季節的變化與肌膚的保養

第7章　從日常生活中美化肌膚

附　錄

第1章 皮膚科醫生所推薦的美容法

理想的最新自然美容法

追求美麗是所有人類共同的心願。自古以來，不論男女都希望自己擁有年輕濕潤、清爽有光澤的肌膚；永保沒有半點雀斑的美麗肌膚，是人們共通的願望。

然而，爲了保護身體不受外來的刺激，皮膚擔任最前線的抵抗任務，諸如太陽光的照射、空氣或風的吹拂、冷熱環境的變化，以及由於生活周圍環境不斷引起的混合污染等等，皮膚所扮演的角色可說是首當其衝。如果置之不理，很快地皮膚就會變得十分粗糙，雀斑甚至皺紋也出現了，曾幾何時潤澤的肌膚已開始衰退老化了。

加上任何人都無法逃避「老」的事實，「老」便不知不覺地悄悄接近。人的皮膚也跟人一樣會逐漸老化。老化的現象雖然很殘酷，但卻很公平，因爲不管你多麼富有、家財萬貫，或是享有崇高地位及名譽，老化也一樣一步步地緊追不捨。

爲了防止肌膚老化或受不潔的污染，化妝品便因應而生了。但是所謂的化妝，照字面上的意義來看，則表示扮妝成與平常不同的模樣，決不含防肌膚老化與污染等真正防範皮膚病的意思。

化妝只是呈現出一時的美感罷了，使用化妝品並不能恢復原本肌膚的美貌。

更慘的情況是因爲使用含有各種添加物的化妝品，反而促進皮膚的老化，有時候甚至引起皮膚粗糙和過敏性皮膚炎。這種反效果，使皮膚產生許多始料未及的症狀。

因此，最近發現很多女性，不論年齡大小或肌膚類型，在挑選化妝品時，十分謹慎小心。換句話說，這表示對外界刺激和皮膚病抵抗力較弱的人，也就是所謂的過敏性肌膚的人愈來愈多。這不難證明當今女性，具有皮膚敏感，容易因過敏性皮膚炎而引發各種皮膚症狀體質的人數快速地增加。

造成這種過敏性皮膚現象增多的原因有幾個。例如，產業廢棄物的排放或汽車廢氣排放而引起環境的空氣污染，花粉的散佈、使用化學添加物的加工食品、自來水，還有包括化妝品在內含有噴霧式藥劑的各式各樣生活消費材，殘留農藥的蔬菜或含抗性物質醃漬的魚肉等；此外，日常生活中置身於舒適的冷暖氣房裡，由於家庭中或工作環境中引起丹聶爾原電池產生異狀、房間灰塵，甚至被認爲是引起過敏性鼻炎真正原因的杉木花粉或豬草等等，周遭的生活環境中，可說是充滿了引起過敏性皮膚炎的因素。

我身爲一個皮膚科醫生，對這種稱得上現代病之一種的皮膚病症，希望能協助患者解決這方面的困擾，曾花了不少心血從事各種不同的研究。

在種種的研究過程當中，終於發現一套生物學的自然美容法，只要給予疲憊的皮膚滋潤和營養，健康美麗的年輕肌膚便得以甦醒。

這套方法是衍生於早就深感興趣的德國醫學之中。

皮膚是上帝創造人類，其中最複雜也最微妙的組織之一，而且也是人體中很重要的器官。關於皮膚的功能將在第二章詳細說明，在此先行省略；但是無可否認的，美麗的肌膚，尤其是臉部肌膚，是構成所有女性美最重要的要素。

德國醫學强調從生理學角度來保持正常的肌膚、除去異物，以求健康美麗的肌膚。因此，很多科學家、皮膚科專門醫生、藥劑師、生物學家、香妝學者等諸多有心研究者組合成計劃小組，特別把研究重點放在臉部肌膚的自然治癒力上。在通力合作之下，成功地研製出一些生物學的美容產品。

爲了讓各位了解真正的美容方法、特寫此書以饗讀者。在本書當中，基於一個皮膚科醫生的立場，想告訴各位一些美容上的基本知識，譬如「何謂皮膚」「何謂敏感肌膚」

「何謂美麗肌膚」「何謂雀斑、皺紋」「何謂化妝品」，特別是有關於因過敏而引起的皮膚病症，更詳加解說，並列舉出這些美容製品的特長。

起初原想一開始就開門見山地教導諸位一些美容上的基本知識，讓大家知道正確的美容法，但是一想到不出幾年就進入快速時代，搭乘新幹線從東京到大阪只需一個小時的行程，所以還是決定從核心斬釘截鐵來說明比較合適，便在本書一開頭地方，先向各位介紹德國這套奇妙的美容產品。

因此，在第一章中先了解我個人所推薦的最近美容法之後，關於美容上的基本知識（保養肌膚等方法）將在第二章以後詳細說明。相信只要身體力行，一定倍增肌膚美麗。

●重視自然調和的秀伊娜過敏性皮膚最新自然美容法

那麼，由一群專門研究過敏性皮膚、敏感性肌膚、過敏性皮膚炎體質而引起的各種皮膚症狀等等，以及防治小皺紋、雀斑、老化、衰退等現象的德國醫師、藥劑師、生物科學家和香妝學者等共同組成的計劃小組，所開發出來的產品到底是什麼呢？

在德國最具知名度的製藥廠是成立於一九六一年享譽全球的Biology Skuhear Mittel

Heal公司。製成這些醫療藥品材料有草本植物（香草、藥草）及一些天然藥材。一提到天然藥材，相信只要對中藥感興趣的人一定無所不知，這句話的來源是把存在於大自然界的花草樹木，或動物、礦物等天然材料拿來當作藥物使用，因而得名。主要是有別於一般化學合成藥品而被使用的一句專門用語。

平常有飲用中藥習慣的人，應該都曉得一種中藥的感冒藥叫做「葛根湯」配方，它是由葛根、麻黄、大棗、桂枝、芍藥、甘草、生薑等中藥材調製而成的。（如以咖啡來講是混合物）

而所謂天然藥材則是指其中的大棗、生薑等個別的每一樣東西。這裡說的大棗就是棗子，生薑就是薑。另外有一種甘菊的草本植物，開花時很像可愛的小菊花，學名叫做「大地的蘋果」，會散發出一種酸酸甜甜的水果香味。甘菊的功效很多，不但可以幫助消化、治療頭痛，也可以鬆懈緊繃的神經，使人容易入睡。

如果換句有深度的言詞來說的話，Biology Skuhear Mittel Heal公司創造出一種能提高人類在生物學上保有恒常性機能的治療方法（homeopathy），而成爲權威性的知名藥廠。homeopathy一詞是allopathy（對症療法）的相反詞，可見它强調的是一種「利用自然治療力的治療法」。

總之，相信各位已能了解到這個製藥廠商，是利用很多種不同的天然素材組合，調配成不同的配方提供給消費者使用，充分做到「大自然結合」的地步。

事實上，開發成功而剛問世的這一系列敏感的肌膚保養美容製品，是由該公司的分公司秀伊娜公司所研製而成的。現在，秀伊娜公司與史塔達製藥公司合併，成爲規模更廣大的皮膚美容的專門公司。於是，在德國秀伊娜皮膚美容品（德國人並不把秀伊娜的產品稱爲化妝品）被拿來當做各醫院皮膚科的清潔用品。此外，幾乎所有的配藥專門藥局或皮膚科醫生，都廣爲推薦使用。

一般所謂的化妝品在別章會提到，但實際上這些化妝品對人類的皮膚來說，卻是一種不折不扣的異物。然而秀伊娜製品則擁有與自然調合而成的生物學特性，因此能完全融合於人類的肌膚，只有助益卻無敗害。

「什麼樣的皮膚，該使用什麼樣的皮膚美容劑呢？」關於這個問題必須請教肌膚保養的專業藥劑師，或者是受過正規教育訓練的美容學家，他們可提供你一些入門的建議，做參考之用。

本人亦曾試用秀伊娜公司這一套敏感型皮膚用的美容製品，而且也介紹很多女性朋友使用，没想到這些美容品真的很溫和地滲透到每一寸肌膚裡，使我深深體會到這真是一種最自然的良好肌膚保養美容製品呀！

正如前面所述，這是一種「和自然融合」的肌膚保養。如果仔細分析一下秀伊娜公司開發研製的一系列敏感型皮膚的肌膚保養美容品，就可發現裡面不含半點保存劑、抗酸劑、香料、染色劑等。

這個成份分析的結果，使得皮膚容易過敏或敏感的人，肌膚完全不受刺激，使用這些美容品，絕對不會造成皮膚的負擔，尤其對有過敏性皮膚炎的人來說，更可安心使用。

這裡雖然寫著不使用香料（無香料），爲了怕引起誤會特地說明一下。所謂的無香料，是指不添加任何合成的香料而言。因爲天然素材裡頭本身就含有些香味，所以這些草本植物等自然素材，也各有其獨具的固有芳香，儘可能一邊保有這些天然香味，一邊巧妙地揉和各種不同植物的芳香中和調製（和自然調和），完全做到保持香味調和的境界。這種對皮膚没有刺激性的天然芳香化妝品，融有大自然界均衡的自然香味，可以使人精神安定，進而產生一種舒適自在的感覺。秀伊娜公司將此種感覺稱做芳香化妝品的自由舒爽。

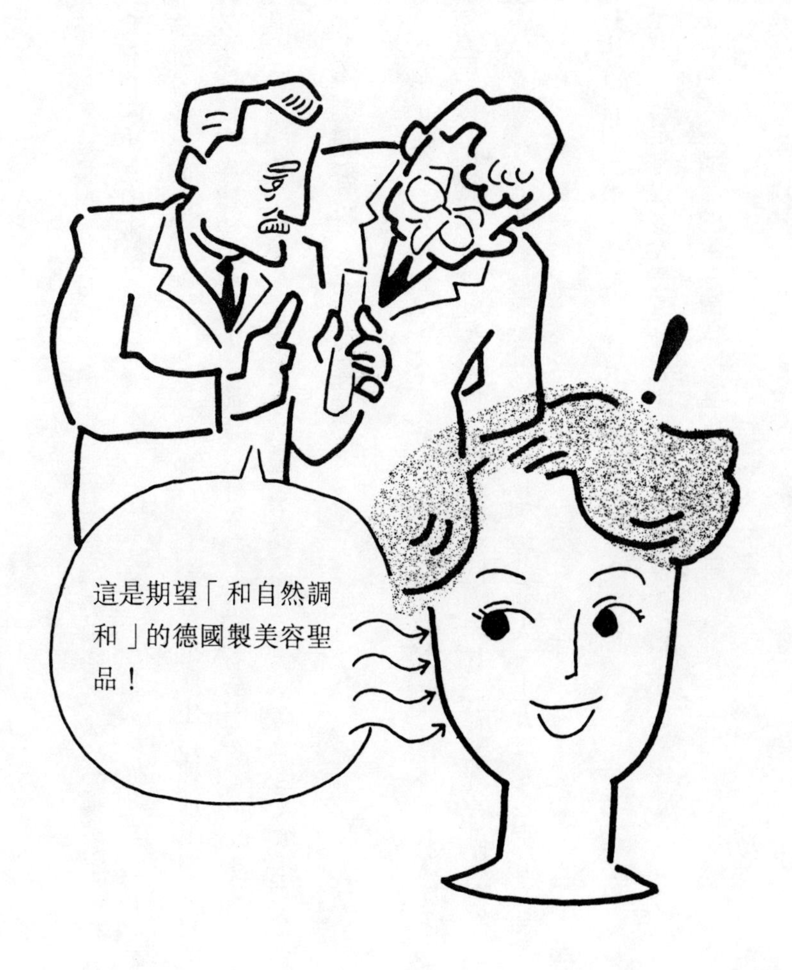
這是期望「和自然調和」的德國製美容聖品！

在歐洲很盛行一種對人類日常生活中相當有幫助的香料治療法（芳香療法）。草本植物之所以含有香味，它的秘密就在於植物中含有揮發油（精油），故具有獨特的芳香味道。這種香味就像甘菊一樣，能柔和僵硬的神經，對身體能產生一種情緒穩定的良好效果。這種效果能使皮膚比較敏感的人，或是對外界刺激抵抗力較弱的人，以及深爲手腳冰冷、冷氣病和空氣污染所困擾的衆多女性，透過自然的芳香味，精神得以鎮靜下來。

●無添加物、無香料、無色素等等

這些美容製品的第一特徵就是完全不含人工添加物、不含任何香料、不染其它色素。

至於第二特徵，則是不會引起任何過敏性皮膚症狀。因其含有豐富的自然物質，這些自然物質對人體肌膚有很大好處，即使是皮膚特別敏感的人，也大可安心使用，保證一點刺激也沒有。

其實無庸置言的，第一及第二特徵是彼此相互關聯的。

走筆至此，一定有很多人認爲「不含保存劑，會不會很快變質壞掉呢？」

事實上，該美容製品的第三個特徵就在這個容器裡面。

這個容器是世界上獨一無二的抗菌真空填充器（Anti－Bacteria Dispenser＝ＡＢＤ容器）。

容器裡有著類似人類心臟的第一瓣、第二瓣區隔成三個房間。掀開蓋子並用手指頭輕輕壓一下上面，即會流出如豆大般的乳液來。如此一來，第三個房間裡的乳液可在完全不碰觸到外界空氣的真空狀態下被填充。這種特殊的容器構造，可以充分且完全地取出所有乳液成份。這是全世界第一座可以升降的特殊裝置。

這樣的裝置可避免與空氣中的氧接觸機會，所以可防止製品惡化和變質。同時，散佈在空氣中的細菌也無法侵入，更可以長久安心使用。

使用前只須把手指頭清洗乾淨，容易藏污納垢、滋生雜菌的手指幾乎碰觸不到，因此細菌繁衍的溫床自然不存在。連容器的材質都特別選用細菌無法繁殖的特殊抗菌性容器。

因此，只要將蓋子緊密蓋住，在正常情況下可保存三年，品質不會變壞。

不含任何添加物的製品，不禁令人嘆爲「真品」，同時爲了使容器保持無菌的真空狀態，歷經多年的潛心研究，耗費龐大的研究開發經費，誠可謂具有研究者和開拓者的精神。如果製造再多無添加物的產品卻不能持久，那也是無濟於事，就像「雕佛卻未賦予靈魂」一樣。

在使用這一系列的敏感肌膚保養製品時，請注意個人衛生習慣，且不可有浪費一點一滴的情形發生，如果切實做到這一點的話，這個容器便確保真空狀態，裡面所含的東西就可以完全使用完。況且，一個容器使用量大約在三至四個月，可以說經濟又實惠。從這個優點來看，不僅對皮膚科醫生而言，就連消費者也一定深受喜愛。

不管是喜歡喝洋酒或日本酒的人，他們都知道再好的洋酒，或者由米芯釀造的吟釀酒，如果保持狀態不佳，很快就變成壞酒了。

所以，為了保持良好的洋酒或日本酒，製造廠商、批發商、酒店，一定要通力合作保持冷藏效果，甚至必須開發類似保冷的保存管道。即使餐廳或酒店竭盡所能地做最適切的保管，也是徒勞無功，因為這些酒在搬運來之前，酒的品質已大大滑落，這似乎是無可補救的結果。

所以令人百思不解的是，為什麼有人願意花一瓶幾萬元、幾千元的高代價來喝漂越灼熱的印度洋，而且是裝載在保管狀況不佳的船裡運過來的法國酒呢？

相形之下，直線越過太平洋，可在很短的時間內登陸日本的加利佛尼亞酒，不但價位低廉，而且品質惡化的危險性少之又少。

更進一步來講，只要是保存的東西裡面是有生命的，那麼保管就是它的生命所在。所以坊間很多化妝品一再聲明强調完全不含添加物，可是卻不見用心去解決容器的問題，這對人體微妙的肌膚是有負面影響的。這種商業行爲真是不可思議。關於這一點，秀伊娜製品則完全沒有擔心與不安的顧忌，所以身爲皮膚科醫生的我，才敢推薦這套美容品供大家使用。

接下來，我們來考慮什麼樣的人要使用哪一型的製品，才能最適合自己的皮脂。

敏感肌膚保養系列有下列六種製品：

①敏感用清潔油

洗臉和卸妝用。可防止洗臉後皮膚的乾燥現象。維他命A、E能避免外界來的刺激，並且輕柔地清潔肌膚。

②敏感用基本滋養劑

用於調整水分、細胞活性、補給水分。給予每一個、每一個皮膚細胞充分的水分，好讓肌膚長久穩定。另外，特製調配的成份也可使肌膚快速變得清爽宜人，是配合各種不同的肌膚狀態而有著多用途的製品。

③敏感用油性乳液

調整油脂、細胞活性、補給油脂用。可消除顯目的小皺紋、使肌膚光滑柔軟。

④敏感用密集凝膠

希望快速保養皮膚時使用。保護肌膚、在敏感的皮膚上張貼一層保護膜，可增加化妝時底部的彈性。這是白天肌膚保養工作所不可或缺的美容品。自然地保護肌膚、促進細胞活性化功能、補充水分，使肌膚更加柔滑。

⑤敏感用白天面霜

防止肌膚乾燥、補充水分，並促進皮膚細胞活性化。白天使用的乳霜、皮膚不會產生刺痛的感覺，而且會讓皮膚呈現鬆弛狀態，摸起來既光滑又柔細。

⑥敏感用晚霜

特別適用於過敏性的皮膚、可使細胞活性化、增進肌膚的濕潤，同時亦可消除皺紋、使皮膚變得像綢緞般地光滑細緻，是指日可期的。

以上雖然概略地區分六種製品的特徵，是希望各位腦海裡有個起碼的認識。至於個別的每一樣產品，我個人亦做過詳細的研究。或許和之前提過的事項重複，但保證這套秀伊娜敏感肌膚保養系列，對皮膚症狀而困擾不已的任何一個人來說，當然最好是同時使用這套六種製品的美容品，但是依不同的目的與用途，單使用其中一種也能充分達到養顏美容的療效。

而且另一個更大好處是每一種的使用期間皆在三到四個月，可知經濟、方便。

比方說，二十歲左右的女性，不論是油性皮膚、中性皮膚，光使用敏感基本營養劑也可以的。假如是特別乾燥的皮膚，只要把現有的化妝水加上一點敏感油性乳液，即可充分保濕。

三十歲以上的女性，則需要敏感基本營養劑與敏感油性乳液兩者合併使用，此外倘能再配合使用敏感晚霜，那麼更可以完全保護敏感肌膚，一些臉上皺紋亦可消失得無影無踪、皮膚亦變得柔滑細嫩。

當然，如果能夠讓肌膚敏感的人完全使用六種全套製品，美容效果就更大了。但事實上介紹很多人試用敏感基本營養劑、敏感油性乳液、敏感晚霜等三者各取一點點來使用，達到的美容效果就很可觀了，不但能各自發揮其對皮膚的功能，尤其是皮脂柔軟得像絲綢的感覺一般；所以幾乎每個試用過的人，都異口同聲地說今後也要再使用。

這表示如果不是同時採用六種產品，那麼不妨仔細考慮一下自己本身的皮膚狀況，先從最有需要的種類試用看看。

接著想對每一種產品，以我個人的研究成果爲主，詳細爲大家解說一番。

●適合用於敏感型皮膚

①敏感用清潔油

這瓶敏感清潔油可用來洗臉和卸妝。平常洗臉或卸妝時，可取些敏感清潔油置於手掌心，再用手指搓開來。可用肌膚保養的卸妝棉或者紗布，輕輕地擦拭臉部污垢及所上的妝，最後再用充足的冷水或溫水沖洗乾淨。該產品最大特徵是即使是敏感型的皮膚，也不致於讓水分流失而顯得無比乾燥。它具有卸妝及洗臉的雙重功效，選用它可說是一舉兩得。

因是純粹植物油故含有豐富的維生素A及E，不僅能使皮膚清爽美麗，也能滋養皮膚表層、防止因外界刺激所引起的刺痛感覺，更能使皮膚柔軟有彈性。

敏感用清潔油，用清水即可簡單地沖洗掉，這對忙碌的現代女性來講再合適不過了，既省時又省事。

依據皮膚病學上的試驗結果顯示，它是完全不添加任何人工色素、人工香料、及保存劑的一種不易引起皮膚過敏的美容聖品。

②敏感用基本營養劑

敏感用基本營養劑用於皮膚的洗淨、收縮、以及水分的調整、補充。因它可滲透在棉花裡，可用來當作使用其他肌膚保養製品之前的皮膚水分調節，使水分均勻分佈在每一寸肌膚上，然後再輕拍臉部，以使肌膚收縮。這個產品特別想推薦給一些年輕人或油性皮膚且易過敏的人，以及容易起斑疹的人們使用。

敏感用基本營養劑含有自甘菊草及金縷梅中提煉出來大量的精萃，因此具有安定皮膚狀態的奇妙功能。此外含有特殊的Ｄ型成份，可給予皮膚細胞充足的水分，以促進細胞活性化。不管什麼類型的皮膚，它都可以保持肌膚裡穩定的水量。

如果能把敏感基本營養劑，和下一個要介紹的敏感油性乳液配對來使用的話，更容易看出美化肌膚的神奇效果。先用基本營養劑滋潤皮膚（補充水分、調節水分、細胞活性）。然後再抹些油性乳液均衡散開。

如此一來，便可補充、調節油脂，而且營養劑和油性乳液很快地在皮膚上混合在一起，可達互補作用。換句話說，也就是根據基本營養劑和油性乳液使用量之增減，可自行調配出最適合自己皮膚的乳液。

臉部的皮膚也一樣，有些部位是油性的，有些是粗糙的，有些是介於兩者之間的。但不用緊張，解決這個問題，只要你能巧妙地區分出來，分別使用最適合每一個部位的乳液就可以了。這點可以依據每個人皮膚狀況來調節油脂及水分的優點，可以說是該產品最大特徵。

皮膚內的油、水成分，調節到一個很理想的程度之後，便完成了最適合個人皮膚狀態的肌膚保養工作。

當我共同試用這兩種製品後，才赫然發現它普遍適用於任何類型的皮膚、甚至可以在使用任何品牌化妝品之前使用，再恰當不過了。

經過皮膚病學上的試驗結果，我們也發現這個基本營養劑，無色、無香料、不含保存劑，適合於過敏性皮膚。

●適用於長雀斑及有皺紋的皮膚

③敏感用油性乳液

敏感用油性乳液特別適用於乾性皮膚。每次洗完臉後使用，並注意不遺漏任何一寸肌膚、要充分且均勻地塗抹。

敏感用油性乳液不僅能補充、調節皮膚所需自然的油脂，而且也能促進細胞活性化，故非常適合用於乾燥、皸裂的皮膚。甚至對消除皺紋功效亦不凡。使用該製品的結果是，皮膚變得光滑、細嫩、柔軟有彈性。它之所以能改善皸裂皮膚，這是跟製品裡含有必須脂肪酸（維生素Ｆ）有關係。

此外，亦含有荷荷芭天然植物油，能夠維持肌膚長久的穩定狀態。

敏感用油性乳液本身含有麥芽成份，從此取得的維生素Ｆ，可使皮膚細胞更活性化，並消除一些顯眼的皺紋。加上植物性揮發油具有保健皮質的功能，所以肌膚一些不良狀況均得以改善。

正如前面②所敘述的一樣，如將其和基本營養劑合併使用，可以互相補充、調節水分和油脂的調和作用。

同樣地，它也和其他製品一樣，經過皮膚病學上的試驗結果，證實不含香料、無色素、不用保存劑、不易過敏。

④敏感用密集凝膠

這是以海草的精萃爲乳液基本物質所開發的膠狀型製品，具有光滑肌膚和自然爽快肌膚的特徵。也和天然琉璃醣炭基酸配合，能在皮膚上形成一層可透過陽光和空氣的無色透明粘膜，保持皮膚表面的水分不易流失，並具有保護皮膚的功用。

敏感用密集凝膠含有蘆薈精萃、D型植物成份和維生素B_5，可促進損壞皮膚的細胞活性化、增加肌膚健康的彈性、並充分補充水分，倍增皮膚滑柔感。

由此可知：它既可當作化妝基底，又可成爲皮膚的保護膜，非常適用於簡單的保養，所以是白天肌膚保養上所不可或缺的一種美容聖品。如果和下面要爲各位介紹的敏感白天乳霜和敏感晚間乳霜合併使用，那麼更可知道它具有充當化妝基底的功能。

完全不含保存劑亦是本製品的一大特徵。況且本製品亦具備自然地保護肌膚、幫助細胞活性化及補充水分等使肌膚光滑柔細的條件。

⑤敏感用白天乳霜

使用該系列產品來養顏美容的秘訣，乃在於先用敏感清潔油洗淨臉部污垢之後，再用基本營養劑收縮臉部肌膚，接著再用這個敏感用白天乳霜，均勻地抹整個臉部。尤其是在早上起床後使用，更具保護肌膚（中性皮膚、乾性皮膚）的功效。

白天乳霜取材自沙漠中的一些灌木果實，而這些果實裡又含有荷荷芭植物油，能夠防止皮膚水分的揮發。

此外，又調和了D型植物成份及維他命B_5，所以可以給肌膚補充足夠的水分、促進皮膚細胞的活性化。加上從甘菊採得的天然成份，具有穩定肌膚狀態和減低刺痛感覺的作用。

白天乳霜正如其名一樣，白天的時候保護皮膚，免於因周圍環境而引起的種種皮膚症狀；亦能促進皮膚細胞的活性化，使肌膚摸起來感覺就像絲綢般地柔滑。因此它可以充當化妝前的基底。

單獨使用一種製品也能充分保護皮膚是不爭的事實，但如果和敏感密集凝膠一起使用的話，美容的效果自然更宏大。例如，白天乳霜使用之前或之後，特別易起皺紋和老化的眼睛四周圍，不妨抹上一層薄薄的密集凝膠、效果更佳。

經過皮膚病學上的實際試驗後，該製品亦不含色素、不含香料、不使用保存劑、不易產生皮膚過敏。

⑥敏感用晚間乳霜

敏感用晚間乳霜是用在以敏感清潔油洗臉後、並以敏感基本營養劑收縮皮膚之後、輕柔地抹遍臉部肌膚、然後慢慢進入夢鄉。相信隔天早上醒來會發現皮膚恢復滑柔細緻。

亦可和敏感密集凝膠合併使用，甚至有些人深感皮膚的老化，所以先使用凝膠之後再來使用晚間乳霜。

皮膚特別乾燥的人，可以使用敏感用油性乳液來調節皮膚油脂。在此有一點必須特別記住的是，要先把油性乳液擦上皮膚之後再使用晚間乳霜，這個次序不能顛倒。相信使用該製品的結果，一定會令各種不同肌膚特性的人大為滿意。

晚間乳霜的特徵是含有適用於過敏性皮膚的肌膚保養成份。晚上睡覺前使用後，經過一夜的休息，隔天早上起來時皮膚細胞活性化增強，肌膚顯得濕潤有光澤。倘若能夠確實持續這樣子的保養工作，那麼肌膚保養也能逐漸持續到永久。

這樣子的肌膚保養結果，當然是早期的皺紋慢慢撫平、呈現出潤滑細緻的一面了。這是因爲產品裡面含有取自麥芽的天然維生素E，不但可以促進細胞活性化、更可防止皮膚衰退老化。

敏感用晚間乳霜裡所含的天然琉璃醣炭基酸，扮演著皮膚保濕的重要角色。加上取材自沙漠灌木果實的天然荷荷芭植物油，可以防止水分流失，進一步安定皮膚水量，使肌膚變得更滑溜。

另一方面，這些植物性揮發油具有與皮膚組織中脂妨酸相同的成份，所以完全不會產生絲毫衝突感，卻能充分調和皮膚。正因爲具備這種功能，才能創造出如絲綢般光滑且有彈性的美好肌膚。

無色素、無香料、不易皮膚過敏等特性，是經過皮膚病學上的實驗而得到的結果。爲了能保存一段相當的時間，極少量的保存劑是絕對必要的，然而可喜的是這些最低限度的保存劑，大部份的成分是取材自天然素材。

●「調和自然」

現在就我所知，這套秀伊娜敏感系列產品，使用後絕對不會引起任何皮膚不適，强調一個主題「調和自然」，創造一層美麗肌膚。個人認爲這是一套最新、最自然的美容方法，因爲它完全利用天然素來促進皮膚細胞的活性化，講究的是自然治癒力及自然美容力，以達美膚效果。

本書從第二章起將爲大家詳細説明一些有關皮膚的正確知識，以及一般化妝品使用的基本知識，還有雀斑、皺紋爲何產生等美容方面的問題。

特此想再强調一下，秀伊娜敏感肌膚保養系列產品，所注重的是「調和自然」的美容方法，這對人的肌膚是不可或缺的新理念。

各位親愛的讀者，相信只要能試著去使用我這位皮膚科醫生所衷心推薦的製品，很快就能親身體驗到試用後的有效事實，因此讓我們繼續邁向第二章吧！

第2章 瞭解美麗肌膚的本質

何謂皮膚

●皮膚是一件「活的衣服」

當我們把肌膚＝皮膚撥開來仔細觀察的話，可以發現平均每個人的皮膚呈現出大約一·六平方公尺格子狀，換句話說，相當於一塊榻榻米的面積那麼大。

皮膚扮演的功能是降低來自外界的刺激、保護內臟器官。大氣裡瀰漫無數的皮膚大敵，諸如細菌、紫外線、工廠排放出的公害氣體。於是爲了保護人體不受這些外來刺激的干擾，皮膚打從一生下來就每天不眠不休地持續這項任重道遠的任務。

每當皮膚受到外界刺激時便會因此產生防禦反應，於是漸漸地皮膚愈來愈强硬。因此，像臉和手等經常暴露在外面的皮膚，和衣服底下的皮膚，兩者的硬度一定不一樣的。

另外一方面，皮膚就像身上所穿的一件「活的衣服」。不管男性或女性，若擁有美麗的肌膚，是使那個人看起來很美的一項重要因素。

當皮膚扮演好它保護身體不受外來刺激的角色時，它的強硬度自然而然地與日俱增；相對的、使人提昇美感的功能卻逐漸減少。也就是說皮膚愈盡保護之責任，也就愈來愈老化，而一旦老化了的皮膚，就會破壞人的美感，產生負面影響。

那麼，皮膚的構造到底是怎麼一回事呢？

●皮膚的構造

皮膚的構造大致可區分為表皮、真皮、皮下組織三層。

▽表皮

表皮是皮膚的表面，隨時與外界空氣接觸。

表皮的厚度各處不一，手掌和腳底厚約〇・四米釐、眼睛四周厚度則只有〇・〇七米釐左右而已。表皮的厚度有所差距，但平均厚度大約是在〇・三米釐。

表皮更可細分為角質層、透明層、顆粒層、有棘細胞層和基底細胞層。

其中的角質層總共有二十五～六層之多，我們用手可以觸摸得到的皮膚部份也就是角質層。

雖然角質層是一種死的細胞，卻擔任像鎧甲般保護活細胞的任務，因此大約經過二個禮拜的時間後，它就會形成肉眼看不見的污垢而脫落。角質的成分主要是蛋白質，所以吸水性特强。平常包含十五～二五％的水分和七％程度的脂質，呈現弱酸性。

決定肌膚美麗與否的重要關鍵，就在這個角質層是處於什麼樣的狀態。

至於透明層有二～三層，緊接在角質層下面。普通的透明層形成一片薄膜狀，手掌和腳底角質層較厚的地方，可清楚地看見透明層。這是因爲被稱爲角質硬顆粒的顆粒層裡含有很多溶化成油狀物的東西，這種物質形成一層薄而透明的組織。

透明層介於角質層與顆粒層之間。

顆粒層裡可以看到許許多多的顆粒，這些顆粒可以曲折光線，擔任防禦皮膚抵抗外來刺激的重要任務。

顆粒層之下的有棘細胞層是表皮中最厚的一層。由於表皮裡並沒有血管流過，這裡的細胞與細胞之間有縫隙、淋巴液可以流通於此，故可以擔任輸送養分到各細胞的重任。當

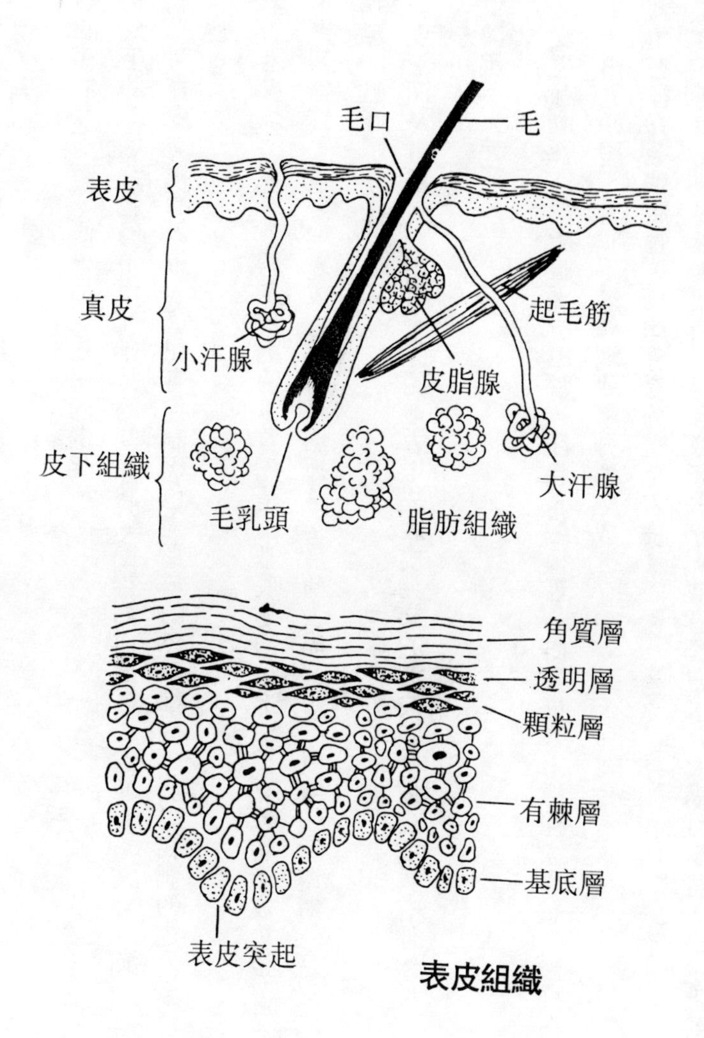

表皮組織

這一層的功能衰退時，便會加速皮膚的老化。

再底下的基底細胞層是由一排排的圓柱狀細胞排列而成。由於它是表皮最下面一層，所以成為與真皮交接的界線。這兒有控制黑色素形成的色素細胞，所以我們的皮膚顏色便決定於此。

新的表皮是由下而上循序長出的，首先是由基底層的一部份和有棘層形成，接著又往上長，直到角質，最後則變成污垢而自然掉落。這種表皮部份的新陳代謝週期，是每二十八天循環一次。

表皮下面是真皮，在兩者交界的地方形成表皮突起的波浪狀，使皮膚具有伸縮性。

▽眞皮

真皮裡有血管、皮脂腺、淋巴管、汗腺、毛根等，而且也有末梢神經經過。緊接在表皮之下，由乳頭層、乳頭下層和網狀層排列組成。

乳頭層裡有毛細血管，藉此將養分送至表皮。

乳頭下層和乳頭層很難區別，但含豐富水分。當這裡的水分大為減少時，表皮上就會出現皺紋了。

網狀層是形成真皮的最大部份，它是由與皮膚表面平行的蛋白質纖維層所構成的。負責皮膚的運動，製造皮膚的張力或彈力。如此皮膚喪失彈力，就會導致表皮產生皺紋。

另外，這個纖維則由膠原纖維、彈力纖維、格子纖維等等所構成的，它有一定的流向，因此，在按摩時必須注意順從它的方向。

▽皮下組織

位於真皮的下方，由纖維質及脂肪所構成。這裡所指的脂肪就是皮下脂肪，它是決定女性曲線美的部位。脂肪可充當保護肌肉或骨骼不受外來物理刺激的緩衝器，當皮膚的營養不足時，又扮演輸送血液的營養源。

皮下脂肪的量會隨年齡和季節的變化而有所增減。適量的皮下脂肪是保有美麗肌膚必備的條件。

▽皮脂腺

除了手掌和腳底以外，幾乎全身上下佈滿了皮脂線，它的開口在毛囊的微上方。沒有毛細孔的唇部、乳圈、陰部等地方因和毛囊無關，故皮脂腺是單獨存在的。

皮脂腺每天大約分泌一～二公克的皮脂。

分泌出來的皮脂向上傳遞到體毛，再擴展到皮膚表面，可防止角質的乾燥荒裂，並與身體所出的汗共同形成一層皮脂膜，具有保溫的作用。

另外，皮脂與體汗皆呈弱酸性，可保皮膚維持在弱酸性的狀態之中，對抑制細菌的繁殖功不可沒。

因此，如果這層皮脂膜減少了，細菌會迅速地大量繁衍，接著各種皮膚症狀就一一出現了。

▽汗腺

汗腺有大汗腺及小汗腺二種。小汗腺的開口在表皮、而大汗腺的開口則在毛囊内。

人一生下來，除了唇部或陰部的一部份以外，小汗腺分佈在整個身體裡，尤其是手掌及腳底地方分佈更密集。全身合計約有二百～五百萬個小汗腺，每天分泌七百～九百c.c.的汗量。

汗的成分中，百分之九十九是水分，剩下的則是尿素、氯、脂肪等。

至於大汗腺則是分佈在腋下及陰部等部位的汗腺，進入青春發育時期，便開始發育成身體的一部份，而當年齡增長後也就逐漸萎縮。大汗腺爲了分泌含有蛋白質的汗、經過細菌的分解作用會產生一股惡臭。味道最強烈的地方可以說是腋下。

▽皮膚的PH值（酸鹼值）

真正健康的皮膚是弱酸性的皮膚。皮膚的表面是被一層汗和皮脂共同形成的皮脂膜所覆蓋的，這層皮脂膜本身具有弱酸性，所以我們才說健康的皮膚也呈現弱酸性。此外，角質層的蛋白質更足以確保皮膚維持弱酸性狀態。

當皮膚酸鹼值傾向於鹼性時，皮膚就變爲細菌繁衍的溫床，相對的，抵抗外來刺激的功能大大降低了。

最理想的皮膚PH值是保持在四·五～六·五之間。皮脂分泌量較多的人，他的皮膚PH值就略低些。

●皮膚的作用

瞭解皮膚的構造之後，接著來看看皮膚對人體有什麼作用。

▽保護作用

皮膚，由外部將身體團團包住，具有保護內臟的功能。而且，角質層可以防止細菌入侵，而皮膚表皮裡的皮脂膜也同樣能防禦細菌的衍生。

對光線或者紫外線來講，皮膚裡的紅血球和黑色素能吸收光線，防止紫外線直接侵入體內。

皮膚能抵禦外來的物理刺激而保護內臟，縱使多少受了點傷害，也能自然回復的。

▽體溫調節作用

我們身體健健康康的時候，體溫是維持在一定的溫度，這主要是靠皮膚來穩定的。

皮膚本身並不易傳熱，但卻能利用對外界氣溫的靈敏感應來變化體內血液的循環量以及出汗量，所以具有保持一定體溫的功用。

▽分泌排泄作用

皮膚會分泌汗和皮脂。皮脂膜的作用是給予皮膚表面滋潤和光澤，以及使皮膚保持一定的PH值。此外也具有光滑毛髮的功用。

汗的成分幾乎全是水分，但也有滲雜少許的尿素、氯、脂肪等排泄物，具補充腎臟功能的作用。此外，也具有排泄碘、鉅（Pm）、砷、汞等藥物的作用。

▽知覺作用

皮膚裡散佈著知覺神經，一旦承受外來刺激便立刻引起反應。知覺神經有觸覺、冷熱覺、痛覺、壓覺，手指尖部分特別敏感。

根據皮膚傳來的信號，腦部馬上察覺危險而下達指令到身體各個器官，以遠避這些突如其來的危險狀況。舉個生活上的小例子來講，當手碰觸到熱燙的東西時，立刻反應即時把手伸回來。這就是皮膚的知覺作用所致。

皮膚的功用

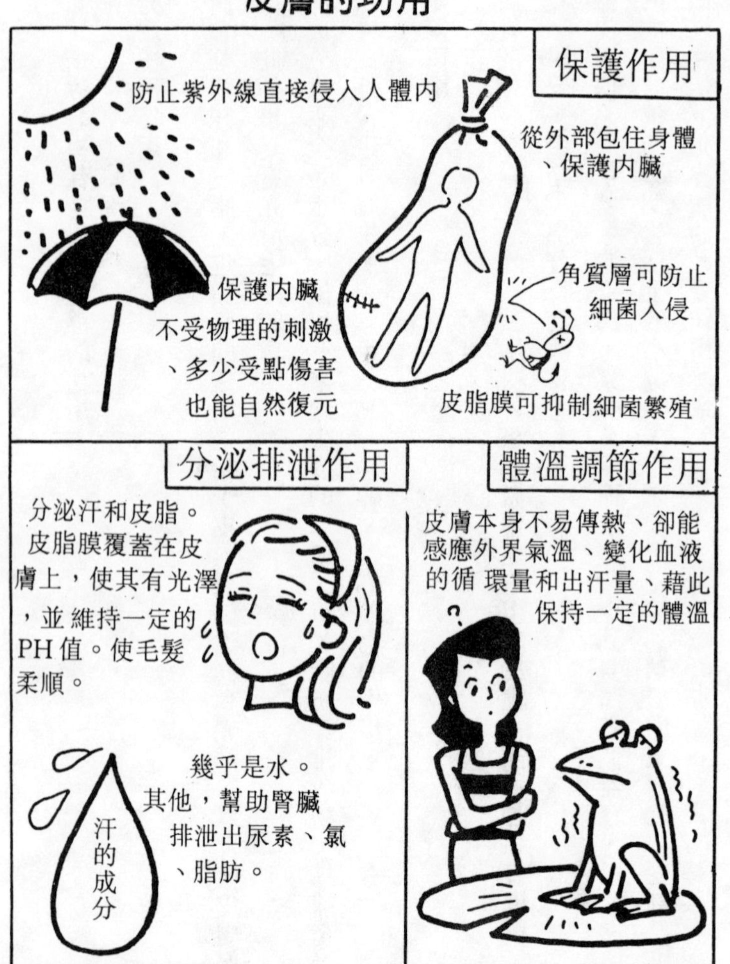
保護作用
防止紫外線直接侵入人體內
從外部包住身體、保護內臟
角質層可防止細菌入侵
保護內臟不受物理的刺激、多少受點傷害也能自然復元
皮脂膜可抑制細菌繁殖
分泌排泄作用
分泌汗和皮脂。皮脂膜覆蓋在皮膚上，使其有光澤，並維持一定的PH值。使毛髮柔順。
汗的成分
幾乎是水。其他，幫助腎臟排泄出尿素、氯、脂肪。
體溫調節作用
皮膚本身不易傳熱、卻能感應外界氣溫、變化血液的循環量和出汗量、藉此保持一定的體溫

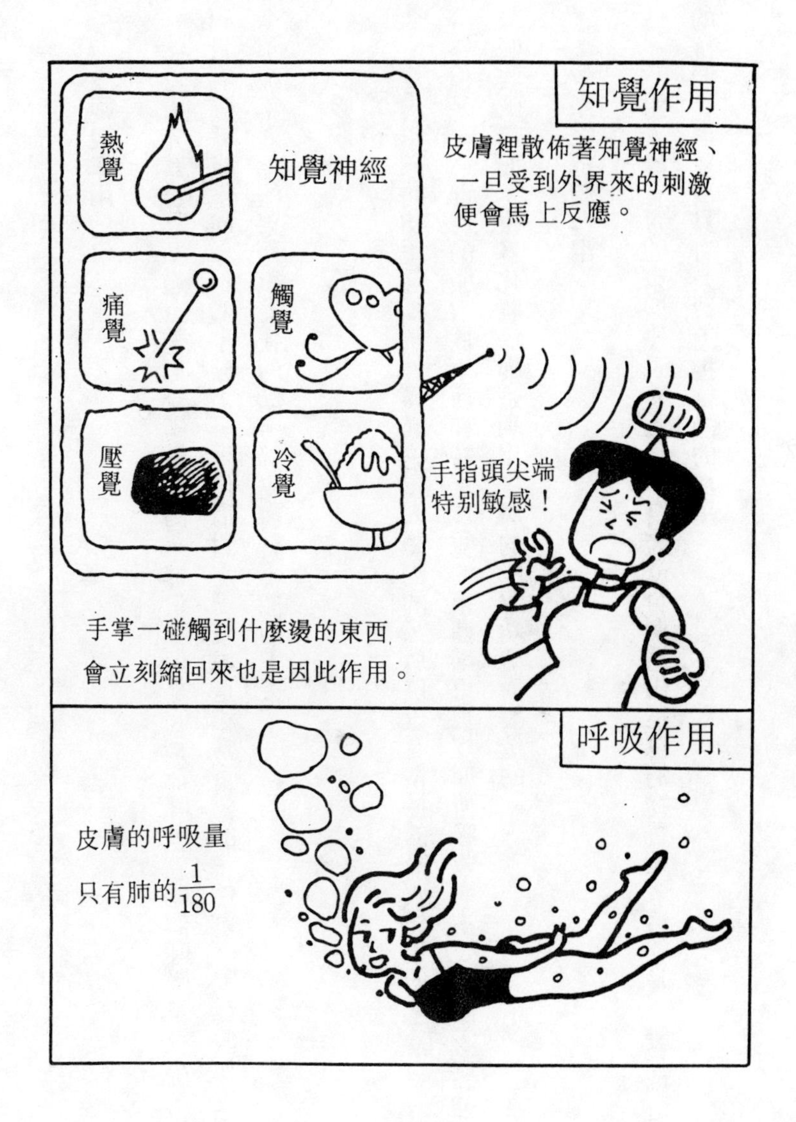
知覺作用
皮膚裡散佈著知覺神經、
一旦受到外界來的刺激
便會馬上反應。
知覺神經
熱覺
痛覺
觸覺
壓覺
冷覺
手指頭尖端
特別敏感！
手掌一碰觸到什麼燙的東西
會立刻縮回來也是因此作用。
呼吸作用
皮膚的呼吸量
只有肺的$\frac{1}{180}$

▽**呼吸作用**

皮膚充其量只不過占整個身體極小的一部份，但是它卻能呼吸。雖然呼吸量很小、小到只有肺呼吸量的一百八十分之一，但這對皮膚來說是相當重要的一件事。因爲假如皮膚全部被不通氣的東西覆蓋住的話，那皮膚就不能活下去了。

▽**吸收作用**

皮膚本來的功用是抵抗外界異物侵入體內的，所以沒有積極的吸收作用的。但是，一部份的脂溶性東西和特定性質的東西則可被皮膚所吸收，主要是由表皮部份來吸收。市面上很多化妝品即是利用皮膚的吸收功能而製造的。

▽**產生抗體作用**

當對人體有害的東西侵入體內後，身體就會製造出抵抗的物質來，這就是一般我們說的抗體。而皮膚具有製造這種抗體的功用。

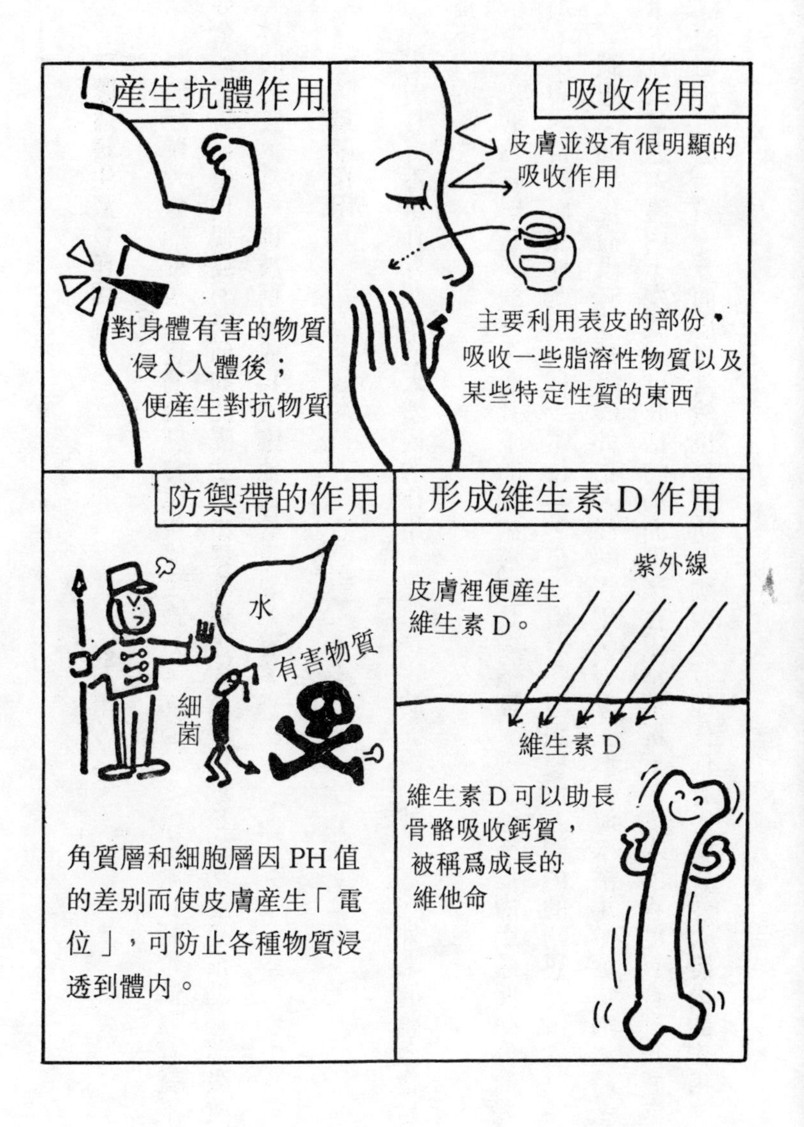
產生抗體作用
對身體有害的物質
侵入人體後；
便產生對抗物質
吸收作用
皮膚並沒有很明顯的
吸收作用
主要利用表皮的部份，
吸收一些脂溶性物質以及
某些特定性質的東西
防禦帶的作用
水
有害物質
細菌
角質層和細胞層因 PH 值
的差別而使皮膚產生「電
位」，可防止各種物質浸
透到體內。
形成維生素 D 作用
紫外線
皮膚裡便產生
維生素 D。
維生素 D
維生素 D 可以助長
骨骼吸收鈣質，
被稱爲成長的
維他命

▽製造維生素D作用

身體經紫外線照射後，皮膚裡就會產生維生素D。人體缺乏維生素D時骨骼發育就不健全，容易罹患佝僂症。爲何如此呢？理由很簡單，因爲維生素D的功能是幫助骨骼吸收大量的鈣質，是一種被稱爲成長的維他命的重要營養素。

▽防禦帶作用

皮膚具有不讓外界刺激進入體內的作用，除了特定的尖銳物外，這些外來的刺激物是進不去的。

表皮的角質層是弱酸性，而其下的細胞層則具弱鹼性。透過這種皮膚組織間PH值的差別，皮膚內自然而然地產生一種「電位」，足以阻礙各種想要侵入體內的物質。

試想：如果皮膚没有這種阻礙外物入侵的作用，那麼我們去海水浴場游泳或泡澡時，水不就大量進入體內，變成不可收拾的局面嗎？在正常情況下，進水的程度只會到角質泡漲的地步而已。另一方面皮膚當然也具有防禦細菌及其他任何有害物質侵入體內的作用。

紫外線與太陽光線

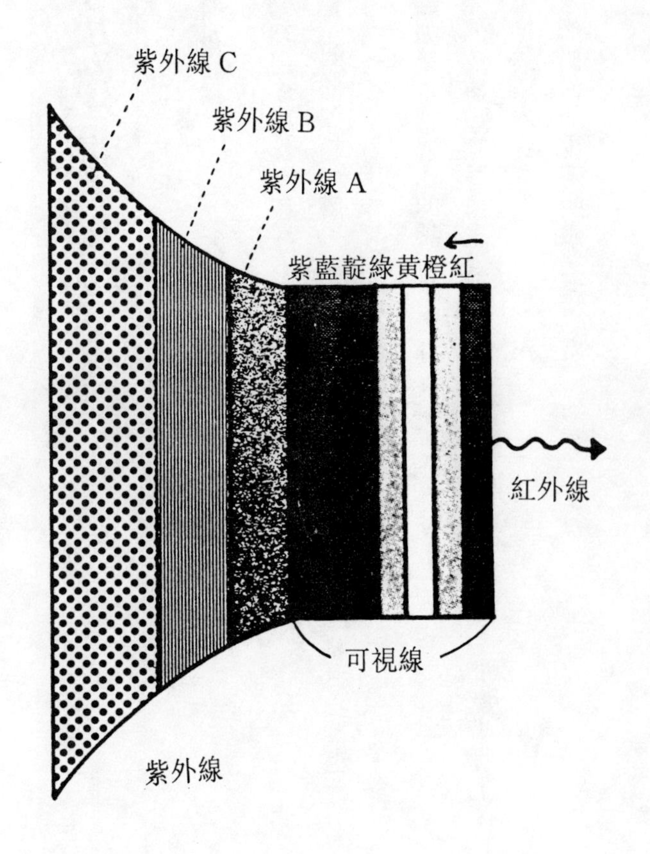

何謂美麗的肌膚？

●肌膚美麗的條件

如前所述，我們知道皮膚具有各種不同的功用。

雖然説皮膚覆蓋全身而保護内臟，但很微妙的關係，當内臟功能衰退時，也會引起皮膚的變化。

皮膚的新陳代謝如果正常運作的話，肌膚可長保新鮮清爽。

人們常形容漂亮的皮膚，認爲再也没有比嬰兒的皮膚更漂亮的了；那麼事實上，具體的美麗肌膚到底是怎樣的肌膚呢？

我把具備下列六個條件的皮膚叫做美麗肌膚。

①毛細孔細小

這是美麗肌膚的第一個條件。然而毛細孔的粗細則是天生俱來的，不論後天再怎樣地

内臟機能衰退時，很微妙地會引起皮膚的變化

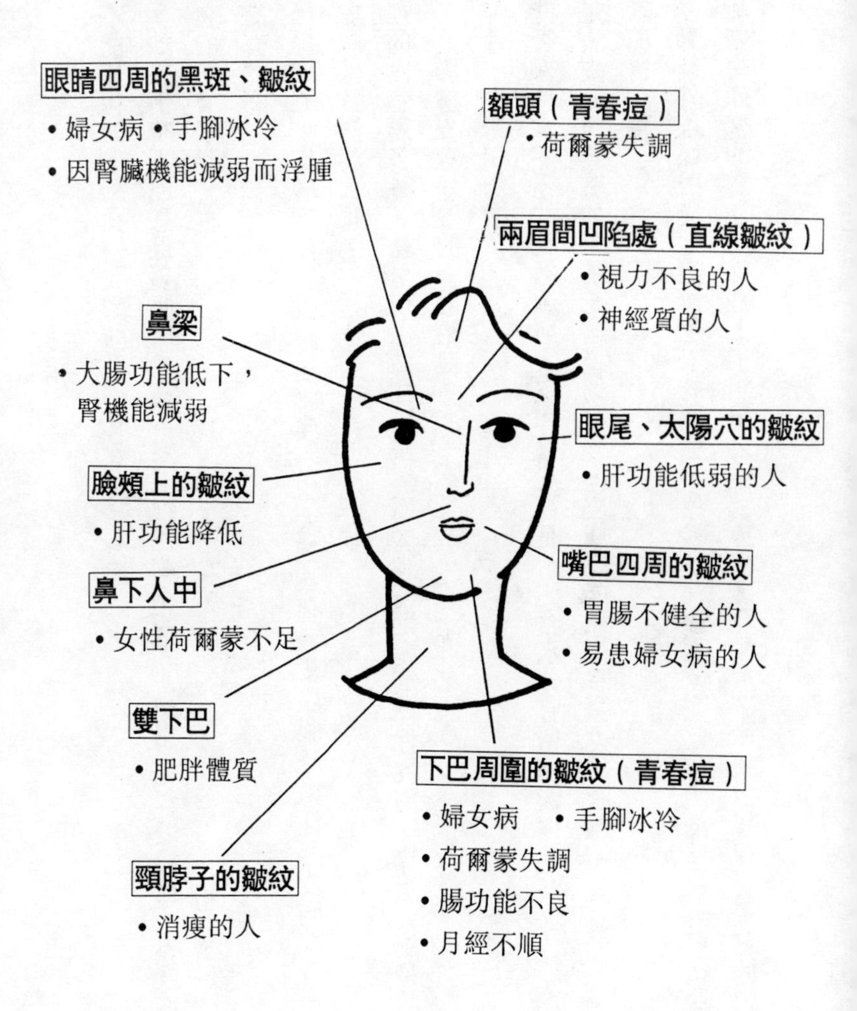

化妝，也不能使粗的毛細孔變成細的毛細孔。

不過，如果平時不注意保養肌膚，連本來毛細孔細小的人，皮膚也會變粗糙，那就不能擁有美麗的肌膚了。

②皮膚有潤澤

前面已提到過，皮膚潤澤與否跟皮脂膜有很大的關係。皮脂膜是由汗和皮脂混合形成，可使皮膚保持濕潤狀態。

當這裡的皮脂過多時，就呈現出油性皮膚，而太少時則變成乾性皮膚。皮脂分泌量的正常與否，是影響皮膚好壞的一大關鍵。

③有彈性、光澤和細嫩

肌膚能否保持水零零的狀態，與表皮和真皮裡是否飽含水分有密切關係。

特別是表皮的角質層如果補充適量的水分，皮膚就能恢復有張力的狀態。

④色素不會沈澱

皮膚受到紫外線照射後，因黑色素的影響，色素會沈澱而變黑。年輕的時候只要過些時間，就能恢復原來的膚色，可是上了年紀之後就愈來愈難恢復了。所以想保有美麗的肌膚，必須儘量避免紫外線直接的照射。

⑤正常感覺的感受性

只要保有健康的皮膚，絕對不會有用肥皂洗完臉後臉會緊繃的事，也絕對不會有變得容易上妝這回事。誰都想使自己的肌膚變漂亮，卻沒想到皮膚很容易過敏，嚴重到連化妝品都不敢使用的地步，所以根本不能化妝。平常就必須讓皮膚維持在良好的正常狀態。

⑥表皮及毛孔沒污垢

清潔乾淨的肌膚是美麗肌膚最基本的條件。毛孔如殘留髒東西，極易長青春痘和膿疱，那可就與美麗肌膚絕緣了。平時可用刷子輕輕清洗。

●美麗肌膚與遺傳

決定肌膚美麗與否，除了上述幾個條件之外，某些程度還受先天影響呢！

有些事我們必須承認，譬如說，毛細孔的粗細、皮膚的顏色，不管後天再怎麼樣地保養、下工夫，還是不可能有什麼大變化的。

皮膚毛細孔細小的話，可以均勻地反射照射在肌膚上的光線，皮膚便具有光亮透明的

肌膚美麗的條件

②皮膚要濕潤

重要關鍵在於皮脂的分泌是否正常。分泌過多變油性皮膚、分泌太少又成乾性皮膚

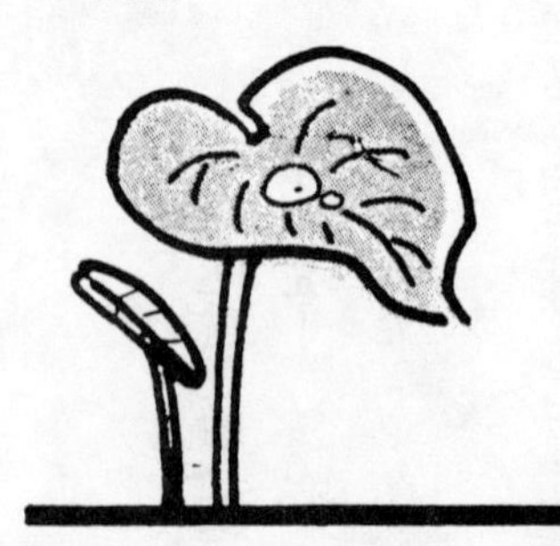

①毛細孔細小

毛細孔的粗細是決定於遺傳

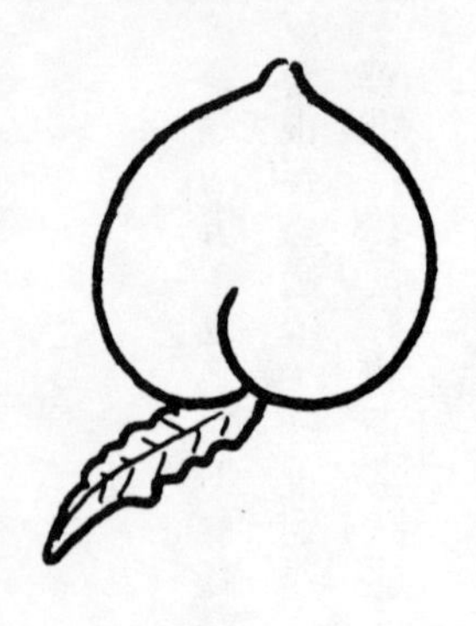

③有彈性、張力、光澤，而且水分充足

這和表皮、真皮裡含有大量的水分有很密切的關係。如果表皮的角質層裡能夠補充充分的水分，那皮膚就可恢復原有的張力。

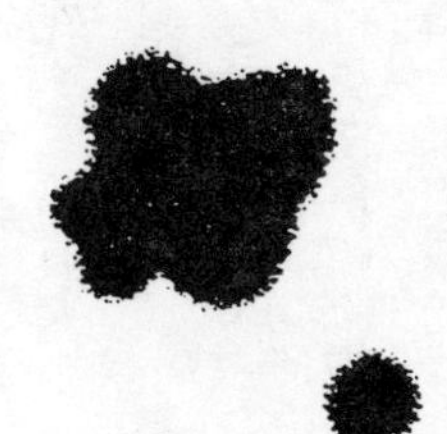

④色素不沈澱

皮膚受到紫外線的照射，皮膚裡的色素會受麥拉寧黑色素的影響而沈澱、變黑。

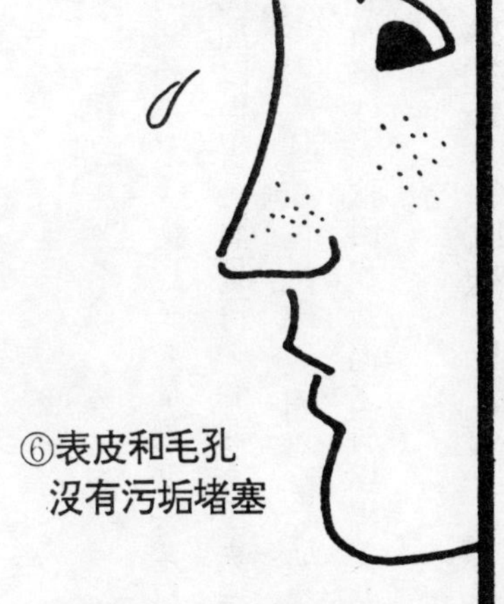

⑥表皮和毛孔沒有污垢堵塞

清潔、乾淨的皮膚是保有肌膚美麗最基本的條件。

⑤正常感覺的感受性

只要是健康的皮膚，用洗面皂洗臉之後絕對不緊繃、使用化妝品也不致於起斑疹。

美麗感覺。

除此之外，毛孔的大小、皮膚的凹凸不平等情形，大部份亦決定自遺傳因素。與生俱來的美麗肌膚一點也不能加以損害，而且每天的保養工夫一點也不能怠慢。至於膚色也是取決於天生的因素，而且顏色是因人而異的。俗話說：「一白遮百醜」，由此可見白晳的肌膚是美人必備條件。秋田和新潟之所以出美女，主要是因爲東北地方的人，膚色都很白的緣故。

黑色素量的多寡以及血色是決定皮膚白或黑的兩大因素。而黑色素之產生是由於基底細胞層的乳頭體裡的色素母細胞。黑色素的作用是保護皮膚，使紫外線無法穿透身體內部，而且也能吸收光線而製造熱能，貯存起來。

皮膚被紫外線照射時，黑色素便會自動增加，以防止紫外線射入體內。但假如這些黑色素不能完全被分解而殘留在皮膚上時，那就會形成雀斑或曬黑。

其實，白色皮膚的人有白色的漂亮，而小麥顏色皮膚的人亦有小麥顏色的好看。不管與生俱來的膚色爲何?事實上只要是健康有光澤的皮膚，都稱得上是美好的肌膚啊！

毛細孔的粗細、毛孔的大小、皮膚的凹凸，皆取決於遺傳因素。

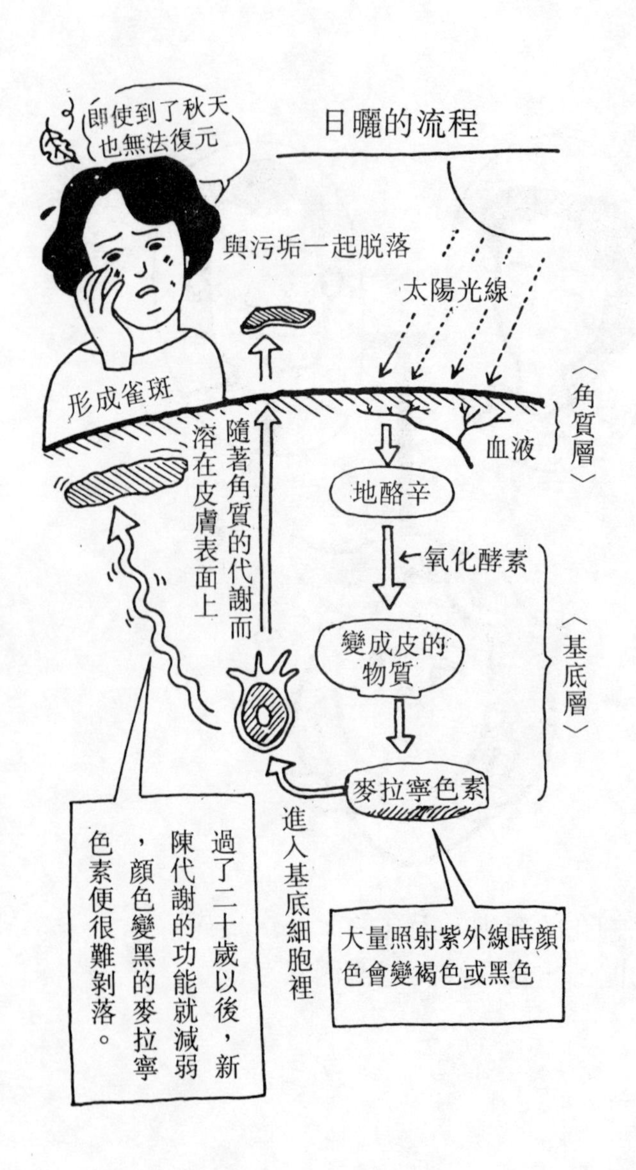

日曬的流程
即使到了秋天
也無法復元
與污垢一起脫落
太陽光線
形成雀斑
〈角質層〉
血液
隨著角質的代謝而
溶在皮膚表面上
地酪辛
←氧化酵素
變成皮的物質
〈基底層〉
麥拉寧色素
進入基底細胞裡
大量照射紫外線時顏色會變褐色或黑色
過了二十歲以後，新陳代謝的功能就減弱，顏色變黑的麥拉寧色素便很難剝落。

第3章 何謂美麗肌膚之大敵

首先明白肌膚的種類

●皮膚有很多種類型

在探討美麗肌膚的大敵是什麼之前，希望各位先清楚一個觀念：由於肌膚種類不一，造成對皮膚有害的原因，自然也不一樣。

肌膚類別雖然有粗糙肌膚、油性肌膚、毛細孔細小肌膚、乾性肌膚等多種不同的類別，但大致上可以區分爲三大類型，那就是乾性皮膚、油性皮膚以及中性皮膚。

中性皮膚所含水分在十五～二十五％之間，是最理想的皮膚，油性皮膚則容易長青春痘和膿疙瘩。水分在十％以下的皮膚，便屬於乾性皮膚了。

一般說來，如果洗完臉之後不馬上使用任何化妝水時，臉部肌膚有緊繃之感的人，是屬於乾性皮膚；而到了傍晚時分，鼻頭等地方會出油而產生光亮的感覺的人，則屬於油性皮膚。

●中性皮膚

中性皮膚是理想的肌膚，含水量在十五～二五％之間。此種人血色很好、毛細孔整齊、皮脂膜功能正常、肌膚有彈性，而且很柔嫩、濕潤。可是這種皮膚的人，通常在所謂額、鼻、下巴的T字區域部份、皮脂的分泌物會稍微多一點點。即使是同一個人，皮膚的類型會因自己本身的身體狀況，或是季節不同的變化而有所改變。也就是有時候是乾皮膚，而有時候又變成油性皮膚。

●乾性皮膚

因爲中性皮膚含有的水分是在十五～二五％之間，所以相對的，含水分在一〇％以下的皮膚便叫做乾性皮膚。這時候皮膚水淋淋的現象不見了，取而代之的是粗糙乾燥的感覺。乾性皮膚的人，由於角質的水分太少，這主要是因爲受到皮脂膜抑制角質水分的影響，所以皮脂分泌量較少的人，比較容易呈現乾性的皮膚。

因此，皮膚乾燥的人，經常有洗臉後臉部皮膚緊繃的不舒服感覺，而且整個臉部皮膚

全國膚質調查結果

	油性皮膚	中性皮膚	乾性皮膚	油性乾燥皮膚	其他
〈20來歲〉	26.4%	26.9%	14.2%	29.8%	2.7%
30來歲	22.9%	31.5%	18.2%	24.4%	2.7%

看起來很粗糙。如此一來，眼睛四周、嘴巴周圍以及脖項子等部位很容易出現皺紋。

此外，皮脂膜不多時，細菌極易繁殖，皮膚就容易起斑疹，或容易長疥瘡（白癬）。

皮膚毛細孔天生較細小的人，似乎有很多人都有不易上妝的困擾。

●油性皮膚

油性皮膚的角質層所含水分是與中性皮膚相同的，只是它的皮脂分泌物較多，使得整個臉部看起來很光亮。這樣子的皮膚夏天會有油膩的感覺，但冬天卻不會乾燥粗糙，不易引起皮膚皸裂。

由於毛孔經常張開，造成皮脂的分泌量特多。鼻翼的兩邊因爲皮脂分泌過剩，反而容易皸裂。而且，油油膩膩的皮膚容易沾上灰塵，所以疙瘩或青春痘一個個跟著冒出來。油性皮膚大致上說來比較韌硬，毛細孔分佈不整齊的人大多屬於油性皮膚。

●膚質會轉變

截至目前所談的皮膚，它的性質並不是一生下來就一成不變的。換句話說，人的膚質會隨身體狀況及季節的變化而改變。

因此，如果把自己的皮膚認定在某類皮膚的話，皮膚有可能因爲不正確的保養而受到傷害。甚至只有局部的皮膚是油性的——例如只有鼻子四周圍——更是大有人在。所以當務之急是確實認清自己本身的皮膚性質，以免引起肌膚任何不適的症狀。

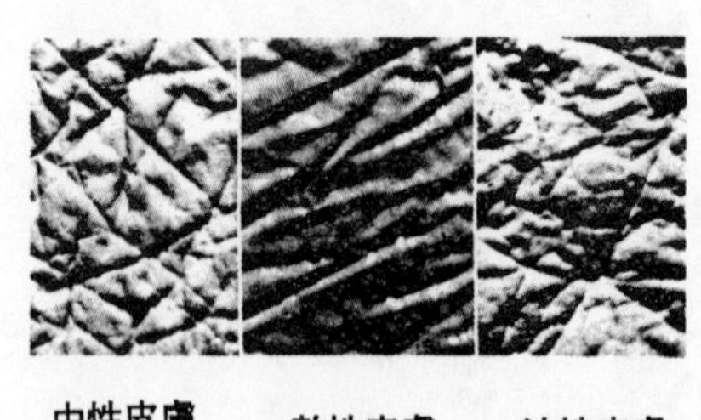

中性皮膚　乾性皮膚　油性皮膚

熬夜

●睡眠不足是肌膚大敵

相信大家都有過因爲持續的睡眠不足而導致隔天皮膚變得很粗糙、不易上妝的經驗。

皮膚在每一天當中有一定的頻率，反覆新陳代謝的作用。白天大量排出陳舊廢物，到了晚上，則進行營養的補給，以儲備明日的活動之用。

睡眠狀態中的皮膚、新陳代謝作用反而更活潑，它會從體內攝取大量的養分。

●交感神經與副交感神經

爲何晚上睡覺的時候，皮膚的新陳代謝作用會激烈進行呢？

我們的身體是靠自律神經來調和的。而自律神經則含有交感神經與副交感神經兩種性質相反的神經。一般說來，交感神經在白天十分活絡，相反地，副交感神經則在夜晚比較活潑。

副交感神經負責促進胃腸蠕動，擴大微血管以暢通血液流向。當人在睡覺時，副交感神經最活躍了，它會輸送養分到各個細胞。

晚上十點左右到半夜二點左右，這是副交感神經最活躍的時段，所以在這個時段中，你是醒著抑或睡著，這對隔天皮膚的狀態有著很大的差別。

●生理節奏

我們現在已經知道，身體活動是有一定的節奏的。倘若完全不顧這些節奏，再怎樣下肌膚保養的工夫，也是徒勞無功，根本無法擁有美麗的肌膚。

人們的身體不管是健康狀況、美容等，都深受這個生理節奏掌握，甚至說它決定成敗的命運也不為過。

這個節奏是由腦部指令中心傳送出來，透過韻律使身體的成長、老化、性生活、睡眠、飲食等所有日常生活上的活動能夠上軌道地進行。早上醒來覺得很有精神，夜深了就想睏，這都是因為生理節奏的緣故。

夜晚副交感神經的作用很活潑，
可補充皮膚的營養

尤其在晚上十點到半夜二點這段時間最旺盛

這個生活節奏的單位不一，有以一天為單位的，也有像女性月經般以四個星期為單位的，甚至還有以幾年為單位的。

在這裡想為大家介紹的是與美容上有著密切關係的一天節奏。好好瞭解這個節奏，對保健和美容上將有莫大的幫助。

▽下午一點～三點

這段時間是身體的節奏最活躍的階段，不論是工作或是運動，都有很好的體力。

▽上午九時～下午一點、下午三點～六點

這段時間身體狀況次於下午一點～三點時段的好。只在這時間裡工作或讀書、效率很不錯。

▽上午六點～九點、下午六點～十點

在這段時間的身體節奏上，活力並不很充沛。早上的時間，不妨做身心方面的準備運動，例如散散步、慢跑、看看電視新聞等。

至於晚上的時間，適合與家人聊聊天、聽唱片、反省自我生活和計劃未來等。

▽晚上十點～半夜三點

最適合睡眠的時間。這時候身體的活動力降低、細胞好好在休息並補充養分。假如在這個時間裡臉上的妝尚未卸掉，或者是還未入睡的話，那對皮膚是最大的傷害。

▽半夜三點～清晨六點

這段時間裡身體的活力最弱。對身體來講，充分的休息是最重要的一件事。

如上所述，我們的身體隨著日升而活動，日落而休息，這是一天基本的節奏。

現代人愈來愈多夜貓子型的人，雖然同樣有八個小時的睡眠時間，但因爲晚睡晚起的人很多。所以爲了皮膚的健康，建議大家儘量在晚上十點就寢。

正爲皮膚粗糙不堪而痛苦不已的人，當務之急是改變自己一天的生活節奏，即刻過有規律的生活。

一天的生理時鐘

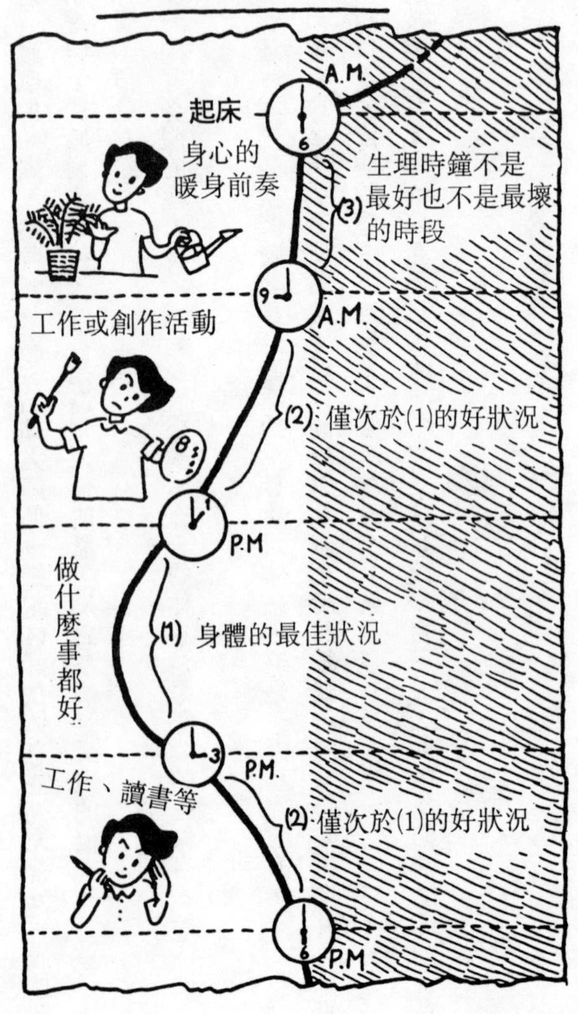
A.M.
起床
6
身心的
暖身前奏
(3) 生理時鐘不是最好也不是最壞的時段
9
A.M.
工作或創作活動
(2) 僅次於(1)的好狀況
1
P.M
做什麼事都好
(1) 身體的最佳狀況
3
P.M.
工作、讀書等
(2) 僅次於(1)的好狀況
6
P.M

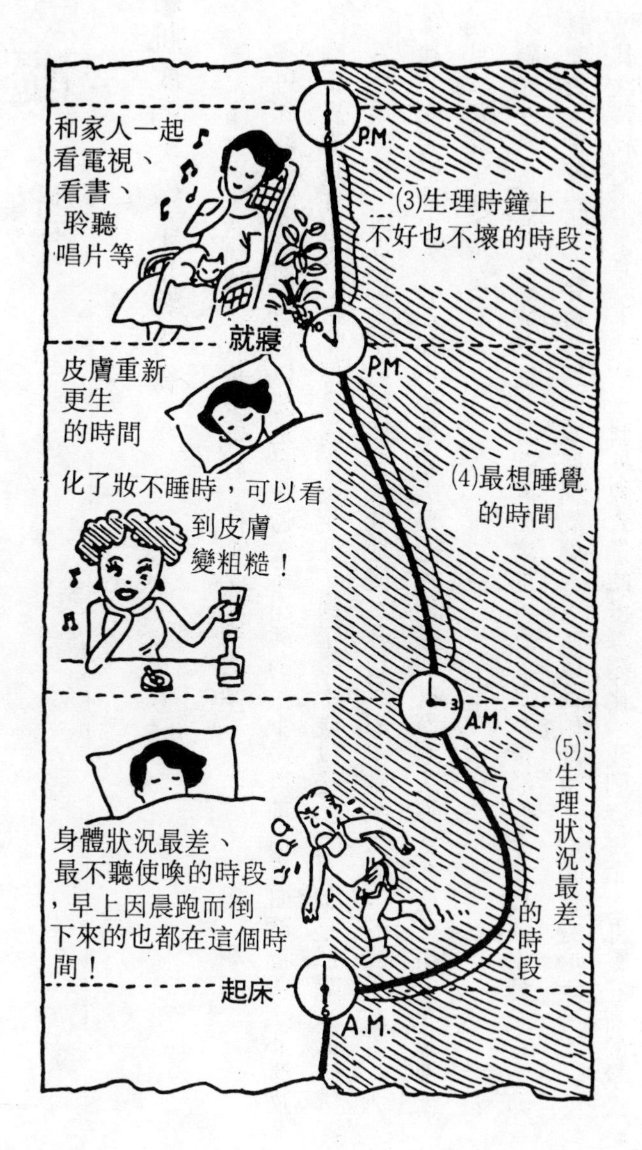
和家人一起
看電視、
看書、
聆聽
唱片等
P.M.
(3)生理時鐘上
不好也不壞的時段
就寢
P.M.
皮膚重新
更生
的時間
(4)最想睡覺
的時間
化了妝不睡時，可以看
到皮膚
變粗糙！
A.M.
(5)生理狀況最差的時段
身體狀況最差、
最不聽使喚的時段
，早上因晨跑而倒
下來的也都在這個時
間！
起床
A.M.

曬黑

●肌膚的大敵——紫外線

曬太陽一事雖然對健康有很多好處，但卻是肌膚大敵。雀斑和皺紋的罪魁禍首可以說是日曬過久所引起的。十歲以前擁有日曬過後，小麥膚色的健康皮膚是件可喜之事；但是請千萬記住，過了二十歲以後，「日曬是肌膚大敵」。

盛夏很留意太陽光直接照射而理直氣壯地說「我很小心不曬到太陽」的人，在五、六月柔和的陽光下卻很容易不知不覺地除去戒心。但是，輕意是大敵，事實上五月的紫外線比八月的紫外線對皮膚更有害。

陽光裡所含的紫外線成分從三月起開始增加，五、六月是顛峰，一直到十月左右。即使是陰天，紫外線也能穿透雲層而照射到皮膚上，所以梅雨期也不能掉以輕心。

其次讓我們來看看一天當中，紫外線含量的多寡變化。我們發現早上九點左右的量最

日曬前

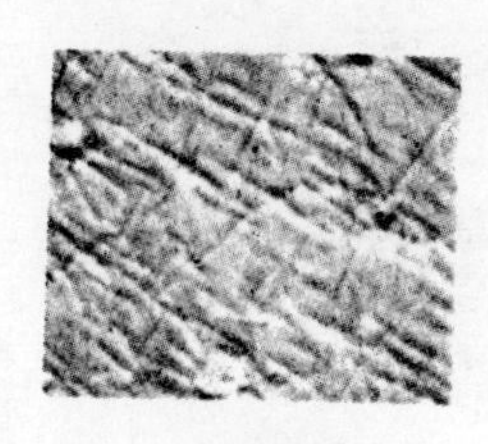

日曬後

一年中每個月的紫外線量

月	紫外線量 （單位：cal/cm^2）
1	328
2	360
3	522
4	615
5	801
6	647
7	702
8	692
9	497
10	409
11	304
12	263
一整年	6,140

5月的紫外線量比7、8月多很多。如果不下梅雨，夏至的6月最高。

少，幾乎只有一點點；然後愈來愈多，直到中午十二點前後達到最高點，到了下午三點以後則又減少。

●紫外線容易被皮膚較黑的人所吸收

紫外線的吸收程度會因氣溫和反射量之不同而有所變化。平常、等量的紫外線會使周圍的氣溫升高。還有，海邊等地由於沙灘的反射作用、反射量高達原來的一•五～六倍。

因此縱然紫外線的量少之又少，夏天遠比春天容易曬黑皮膚。

而且紫外線的吸收程度也因人而異。簡單地說，膚色黑的人比較容易吸收紫外線，膚色白的人比較難吸收紫外線。

因爲膚色較黑的人，皮膚裡含有大量的黑色素，而這些黑色素很容易吸收紫外線，就容易長雀斑了。

皮膚白皙的人，雖然因爲黑色素量很少，不致於吸收紫外線，但卻容易受到外界刺激而產生皺紋。

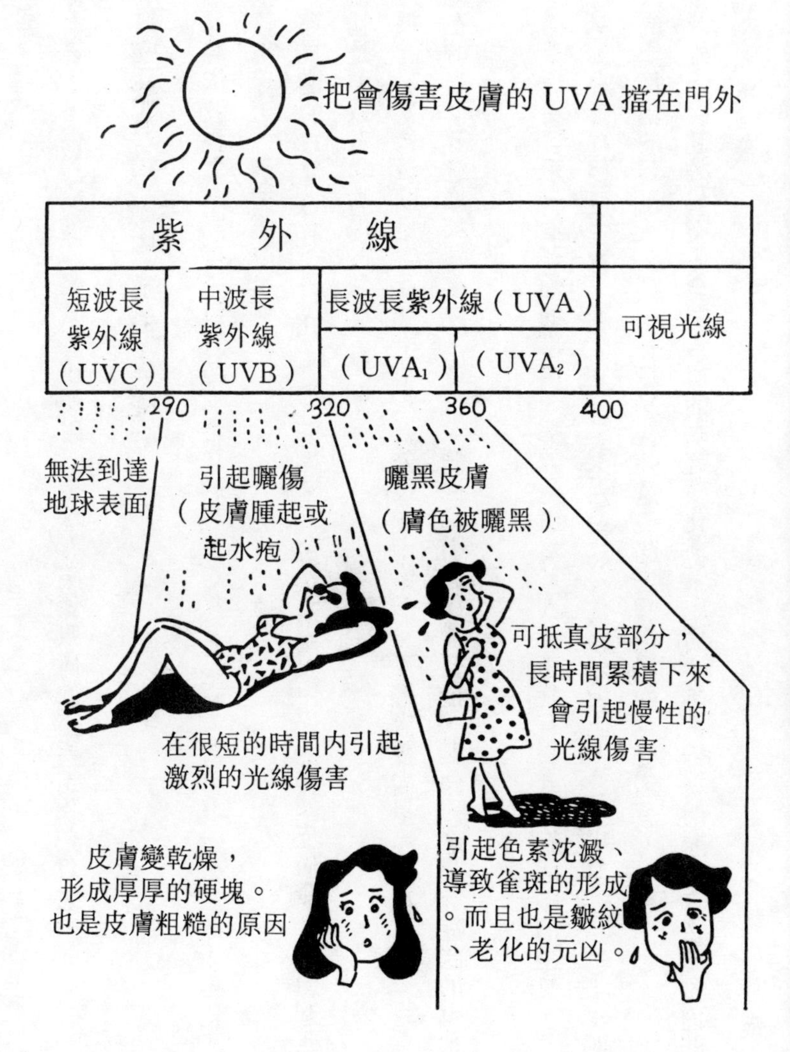

把會傷害皮膚的 UVA 擋在門外
紫　　外　　線
短波長紫外線（UVC）
中波長紫外線（UVB）
長波長紫外線（UVA）
（UVA1）
（UVA2）
可視光線
290
320
360
400
無法到達地球表面
引起曬傷（皮膚腫起或起水疱）
曬黑皮膚（膚色被曬黑）
可抵真皮部分，長時間累積下來會引起慢性的光線傷害
在很短的時間內引起激烈的光線傷害
皮膚變乾燥，形成厚厚的硬塊。也是皮膚粗糙的原因
引起色素沈澱、導致雀斑的形成。而且也是皺紋、老化的元凶。

總而言之，保護皮膚不受紫外線照射，是保有美麗肌膚的重要工作項目之一。

●為什麼紫外線對皮膚有害呢

紫外線依波長之不同可分為三種。最短的UVC只有二百～二百九十公尺的十億倍，它可抵達地球上，破壞細胞核。

中等長度的UVB有二百九十～三百二十公尺的十億倍，能夠使皮膚發紅、引起水泡，也就是導致太陽灼傷的狀態。

最長的UVA長度是三百二十～四百公尺的十億倍。可曬黑皮膚呈小麥色。現在的UVB會增加蕎麥皮，並被人們視為引起皮膚粗糙、鬆弛、老化等症狀的可怕原因。

然而最近更發現一個可怕的事實，那就是連UVA裡也含有對人體有危險的物質。UVA內含有波長三百二十～三百六十公尺的十億倍的UVA$_1$，以及三百六十～四百公尺的十億倍的UVA$_2$，其中的UVA$_1$就是引起皮膚曬黑的主要因素。

由紫外線引起的日曬，會對人體的氧起變化。當人體一經紫外線的照射之後，體內的氧就變成活性氧。這個活性氧遇到細胞膜裡的不飽和脂肪酸時，就會氧化成過氧化脂質，這是一種對人體有害的物質。

它不但會破壞使皮膚有彈性及防止皺紋的彈性硬朊（elastin），使皮膚出現皺紋，也會使黑色素沈澱。

正由於ＵＶＡ$_1$大量製造這種活性氧，使得皮膚很容易變粗糙。

到目前爲止，暑夏去海邊遊玩時，都會提醒大家注意防範ＵＶＢ所引起的灼傷。但事實上光這樣做是不夠的，也必須注意平常不經意受到的ＵＶＡ$_1$照射。

再說，ＵＶＢ的影響僅止於表皮而已，至於ＵＶＡ$_1$則深達真皮，能夠破壞真皮內的組織。由於真皮組織被破壞而引起的皺紋或雀斑相當不容易消除，因此對紫外線的照射必須更加時時防範。

緊張與便秘

●擔心、憂慮易生青春痘

俗話說：「病由心生」真是一點也不錯。當人們有煩惱或心事時，肌膚會跟著失去光澤，連青春痘或雀斑也愈長愈多。

相反的，戀愛中的女人特別漂亮，主要是因爲心情不緊張、精神愉快，所以肌膚看起來更光亮滑溜呀！

精神爽快與荷爾蒙的分泌或自律神經的均衡，有著很大關聯。所以外表的人益形漂亮也是理所當然的啦。

荷爾蒙當中，尤以女性荷爾蒙關係最密切，它能促進微血管的血液循環、補充皮膚營養、儲存皮下脂肪。

心情愉快時，女性荷爾蒙的作用更活絡，皮膚的整個新陳代謝也更活躍，所以皮膚變

女性荷爾蒙可促進小血管的血液循環、以補充皮膚營養，也有儲存皮下脂肪的功能！
女性荷爾蒙
心情愉快的話……
女性荷爾蒙的作用活絡、皮膚變得很有生氣。
壓力堆積的話……
血液循環不順、皮膚變乾燥、粗糙

得充滿生氣了。

相反的，如果堆積緊張壓力的話，血液循環就會不順暢、皮膚摸起來粗糙不平。同時自律神經的均衡遭破壞、導致皮脂的分泌大增。

這樣一來，青春痘也冒出來了，雀斑和皺紋也增多了。當自律神經作用不均衡時，胃腸的功能就不能健全，那麼也就不能給皮膚補給養分了。由此可見，皮膚的好壞，完全反映在當事人的精神狀態上。

爲了消除緊張，必須確知隨時放鬆心情的方法。譬如聽聽音樂、畫畫圖、和朋友聊聊天等等都可以。

一旦緊張消除後，自然而然地，荷爾蒙的分泌和自律神經的平衡也恢復本來狀況，雀斑和皺紋也跟著不見了。

另外，養氣的工夫也很重要。所謂養氣，就是培養耐得住緊張的健康之氣。換氣與深呼吸都是很有效的方法。用腹部慢慢地深呼吸，然後鎖住氣不動，便能產生一股打敗緊張的元氣。

●便秘會損傷皮膚

阻礙肌膚美麗的另一大要因是便秘。

據統計，三十歲以上的女性，有百分之八十爲便秘所困擾，而最近更發現十來歲的女孩，也爲此痛苦不堪。

所謂便秘，是指從口吃進的食物，經過食道、胃、小腸、大腸而被消化吸收後變成食物殘渣，而這些殘渣停留在直腸裡，排不出體外的狀態。

因此，全身的新陳代謝就無法正常運作，遂造成皮膚很大的傷害。

便秘的症狀中，有一種是糞便停滯在腸內，尤其是停留在小腸壁的糞便，很容易導致皮膚粗糙。這種便秘的情形是食物殘渣好像水上飛機一樣附著於腸壁上，和一般的情形不一樣，所以本人不易察覺。可是這些像水上飛機的食物殘渣，如果和腸子內的細菌結合在一起的話，就會釋放出有毒瓦斯和產生毒素，這是引起皮膚粗糙與雀斑的不良物。

平時要注意多吃些纖維量豐富的青菜，以促進腸胃的蠕動，那麼便秘的情形就可以改善了。

●正確的飲食

如果問說皮膚的營養從何而來?答案是日常生活中所吃的食物。所以，均衡的飲食，可使養分均勻地擴散到每一寸肌膚。如果偏食或不定時定量的飲食，都不能保有美麗的肌膚。

不均衡的飲食不只對皮膚有不良影響而已。

蛋白質攝取不足時，極易引起腦中風、窒息、胃潰瘍、肝病、濕疹、風濕症、關節痛等症狀，而且白頭髮增多或導致近視。

維生素不夠時，會引起精神不安、肩膀酸痛、耳鳴、心臟病、氣管炎等疾病。

一旦身體狀況失調後，肌膚的光澤自然立刻消失，這麼一來，可就真的與美麗的肌膚絕緣了。

總之，正確的飲食是創造美麗肌膚不可或缺的生活習慣。

第4章 從科學的角度來探討

為何產生皺紋

●何謂骨有機質

人類的身體大約共有六十兆個細胞之多。這些細胞不斷地反覆新陳代謝，經過一定的時間之後便死亡，而轉變為下一個新的細胞。

縱使細胞每天每天地更生，那又為什麼人的年紀愈來愈大時，皮膚也跟著愈來愈衰退呢？

皮膚細胞與細胞之間，有一種叫做骨有機質的物質，它把一個個的細胞連結起來。骨有機質是一種線狀的蛋白質。這個骨有機質是否很有生機，關係著肌膚的美麗、濕潤、有彈性。

換句話說，如果骨有機質很有彈性，非常活潑，那麼皮膚會很美；相反的，如果骨有機質缺乏彈性，皮膚就會很乾燥。

骨有機質

仔細觀察骨有機質的線條時，可以發現5條蛋白纖維很有規則地整齊豎立著

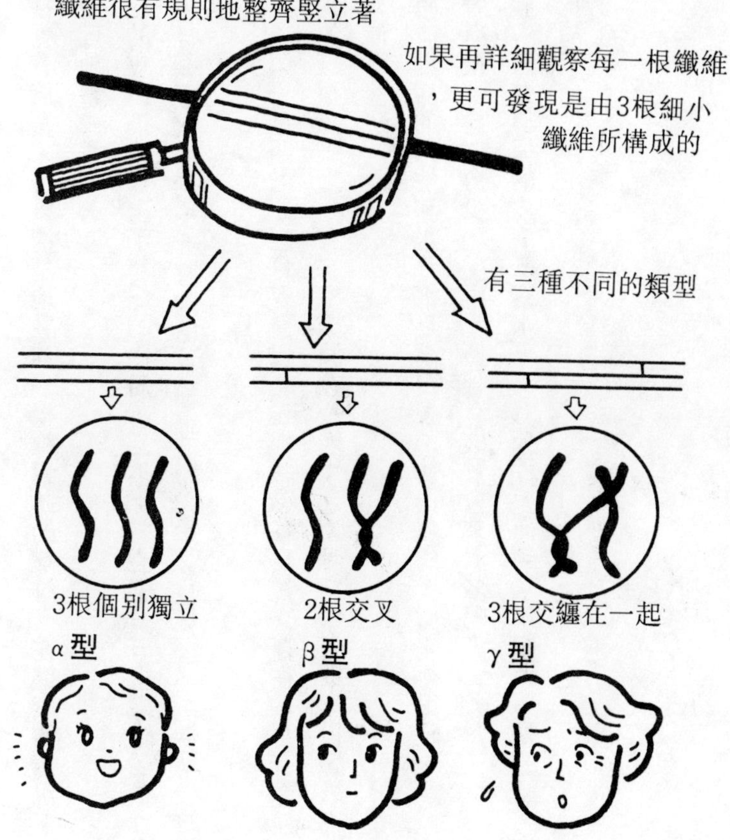

用顯微鏡仔細觀察骨有機質，可以清楚地看到一根線索狀的纖維。在健康的情況下，不難發現五根纖維很規則地整齊排列著。

不論是濕潤或粗糙的皮膚抑或是上了年紀的皮膚，基本上骨有機質五根纖維的數目是不會改變的，但是如果仔細觀察的話，會發現這五根蛋白質纖維各自分成三根細小的纖維。

將其區分成三大型：第一型叫做α型骨有機質，三根纖維各自獨立存在，富有彈性及伸縮性；β型骨有機質的三根纖維之中有二根交纏在一塊；γ型骨有機質則三根纖維都交纏在一起，缺乏彈性和伸縮性。

從α型進入γ型時，皮膚的彈性和水分都逐漸喪失，使得皮膚反而變得很硬。

年老以後，α型骨有機質愈來愈少，反而γ型骨有機質愈來愈多呢！

因此，相同的細胞，若在嬰兒的皮膚既有水分又有彈性，而到了年紀大一點的話，卻又變成乾燥且粗糙的皮膚了。

●骨有機質如何產生的

先前已經提過，我們人體約有六十兆個細胞，而這些衆多的細胞當中含有核酸（DNA）。核酸負責發號施令，製造維持生命的必要物質，其中最初的物質就是骨有機質。

當核酸發出製造骨有機質的指令時，因爲酵素的作用會產生胺基酸。這時候維他命C便過來幫助。

所以體內缺少維他命C時，皮膚會顯得粗糙、乾燥。

可是歲月不饒人，年紀大的人再補充多少維他命C也無法改變α型骨有機質減少、γ型骨有機質增加的事實。

於是皮膚變硬且粗糙，很容易產生皺紋。一旦皺紋出現後，皮膚就會因爲缺乏彈性而難再恢復本來面貌了。

由於眼睛的運動經常持續著，所以容易失去彈性，這也就是爲什麼眼睛四周或眼尾最容易出現皺紋的道理了。

營養不良
缺少蛋白質
、維他命
增加γ型骨有機質的要因
吃太多辛辣刺激
食物、抽煙過多
、飲酒過度
紫外線照射、皮
膚堆積污垢

●形成皺紋的原因

造成γ型骨有機質的原因很多，總括來講則有下列幾個因素：

首先，營養不足，尤其是缺乏蛋白質和維生素。

皮下脂肪減少分泌量時，皮膚容易鬆弛、皺紋也就很快出現了。

飲用過多辛辣刺激物、香煙、酒精飲料等，對皮膚的新陳代謝有很惡劣的影響。

皮膚裡的水分不充足也是形成皺紋的原因。另外，錯誤的肌膚保養方法以及使用不適合自己皮膚的化妝品，也是其中因素之一。

紫外線和皮膚上的髒東西，均會破壞表皮細胞而妨礙正常的新陳代謝，因此，也應儘量避免。

多攝取充分的蛋白質、維生素、鈣質，睡眠充足，以及鬆弛緊張等等，都是預防皺紋產生的重要工作。

當然還必須注意清潔肌膚的工作，並給予肌膚的營養（化妝品）品質。

為何產生雀斑？

●雀斑的原因

前面一章已經敘述過，雀斑形成的原因和我們生活上不可或缺的氧有關。

我們的細胞是被細胞膜所覆蓋，而這個細胞膜則是由亞麻仁油酸等不飽和脂肪酸所形成的。這些物質經過氧化後，便和蛋白質結合在一起，因而產生雀斑或蕎麥皮。

雀斑很多的人，他們血液中過氧化脂質特別多，甚至是沒有雀斑的人的數十倍多。

形成雀斑的原因並不只這些。皮膚裡有一種地絡辛的氨基酸，它是製造黑色素的原料。當皮膚受到紫外線的照射時，色素細胞就利用地絡辛這個原料來製造黑色素。

地絡辛變成黑色素，時需要一種叫地絡西那瑞的酵素，而紫外線裡具有活躍這種酵素的力量。

年輕的時候，曬黑的皮膚可以慢慢恢復原來的膚色，可是有一部份的黑色素仍會殘留

形成雀斑的原因很複雜

麥拉寧色素因內分泌荷爾蒙不正常而保持不變動的狀態，或者血液中的過氧化脂質（脂肪的銹），都是引起色素沈澱的原因。

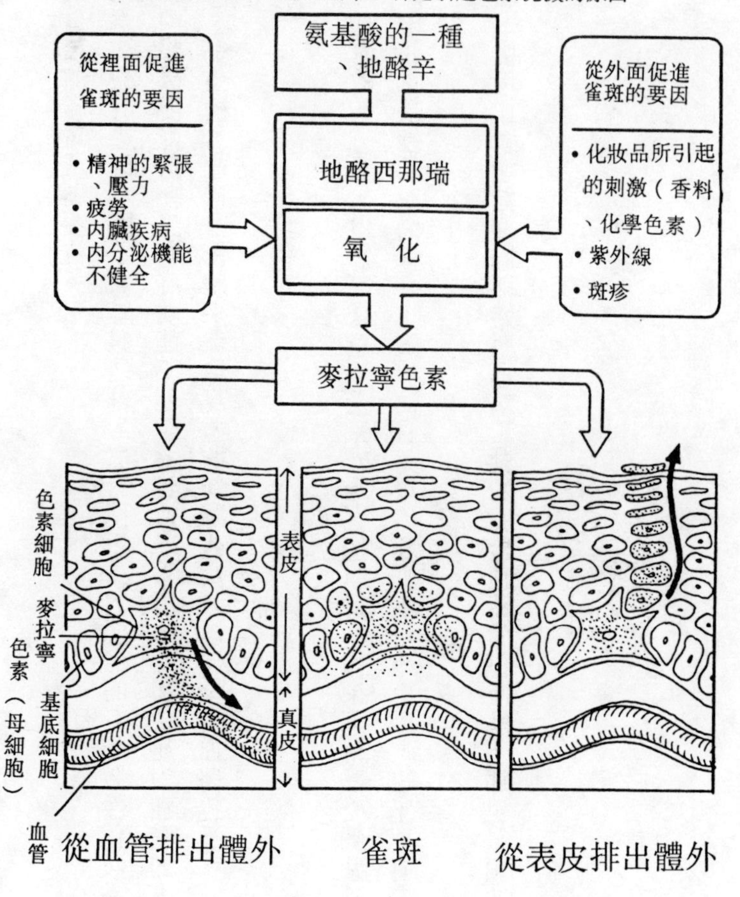

在表皮，形成日後的雀斑或蕎麥皮。

促使黑色素沈澱的原因，除了紫外線之外，還有使用品質惡劣的有刺激性化妝品，或者是荷爾蒙或內臟機能降低。患有肝功能不健全、貧血、手腳冰冷和便秘等症狀的人，應該多注意食補、中藥補，並常常慢跑來促進身體的新陳代謝，以便全身血路暢通。

●預防雀斑

預防雀斑最有效的方法，當然是注意不受紫外線直接照射。如果不得已受到紫外線照射時，事後必須注意妥善的肌膚保養工夫，而且不可以睡眠不足，生活上也不要有緊張的情緒。

可能的話，使用加入能夠抑制地絡西那瑞活動的胎盤精萃的化妝品，那也是預防雀斑的方法。

預防雀斑的方法
不直接照射到
紫外線
避免緊張
睡眠要充足
含有胎盤
精萃的化
妝品效果
不錯！

青春痘、疙瘩為何長出？

●青春痘的原因

青春痘是七～八成青春期的人最困擾的皮膚症狀。

進入青春期，荷爾蒙便開始活躍起來，皮脂的分泌量也很豐盛。可是皮脂分泌大量增加時，這些皮脂會阻塞在毛孔，於是皮脂腺出口的地方被細菌所侵襲，更造成毛孔的堵塞，而青春痘於焉產生。

青春痘含有三種成分：一是堵塞毛孔的皮脂，二是附著髒東西的黑色青春痘，三是膨脹的白色青春痘，因爲皮脂上細菌的繁殖而化成膿狀物。

形成這種青春痘的原因有下列幾項因素：荷爾蒙分泌失調、糖質和脂肪攝取過量、便秘、自律神經失調、睡眠不足、胃腸功能不健全等等。至於女性在月經來之前，青春痘的情況更嚴重，主要原因是由於荷爾蒙分泌失調所引起的。

皮脂腺所分泌的脂肪可以滋潤皮膚、頭髮，但是飲食的不均衡會致使內分泌失調，而皮脂分泌量也超乎正常的多。當分泌過多的皮脂沒有順暢地被排泄掉時，就會阻塞毛孔而形成青春痘。

白色青春痘

毛孔被污垢、皮脂堵塞時

黑色青春痘（粉刺）

皮脂阻塞毛孔、前端變黑

- 用手去擠的話會傷害真皮，留下疤痕。
  真皮的再生能力很弱。

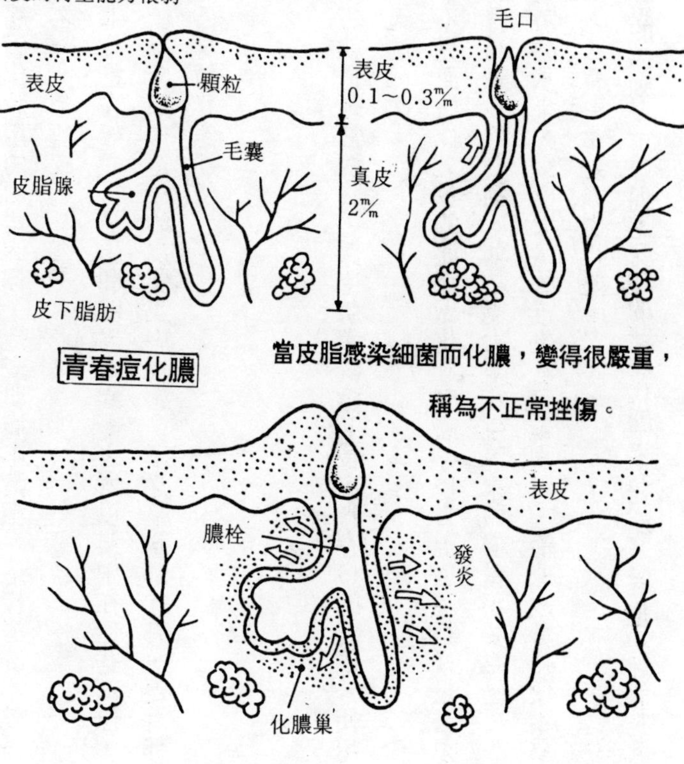

此外，洗臉時並沒有把底層化妝用的面霜卸掉，造成肌膚不清潔。這樣清洗不乾淨的皮膚，也是長春春痘的原因之一。

臉上青春痘最易出現的部位是在額頭、鼻子和嘴巴四周。之所以集中在這些部位，乃是因爲這些地方密集很多皮脂腺。類似這樣的皮脂集中地帶，不光是臉部才有，連背部或胸部也有，所以務請檢查自己身體其他部位。

●預防青春痘

預防青春痘的第一個方法就是經常洗臉，保持肌膚清潔。長出青春痘的時候，使用較沒刺激性的香皂來洗臉，一天洗三次。

有些人爲了讓青春痘看不見而塗抹大量的面霜做化壯底層。事實上這種行爲是必須避免的不正確做法。還有脂肪含量較多的食物，如巧克力、花生等東西儘量不要吃。

有便秘的人，可以多吃蔬菜水果、攝取大量的維生素和礦物質，治療改善排便不易的毛病。如果手腳常常冰冷的人，青菜最好煮過再吃。

此外，充分的睡眠和適當的運動，可以促進身體的新陳代謝，對預防青春痘功效非凡。

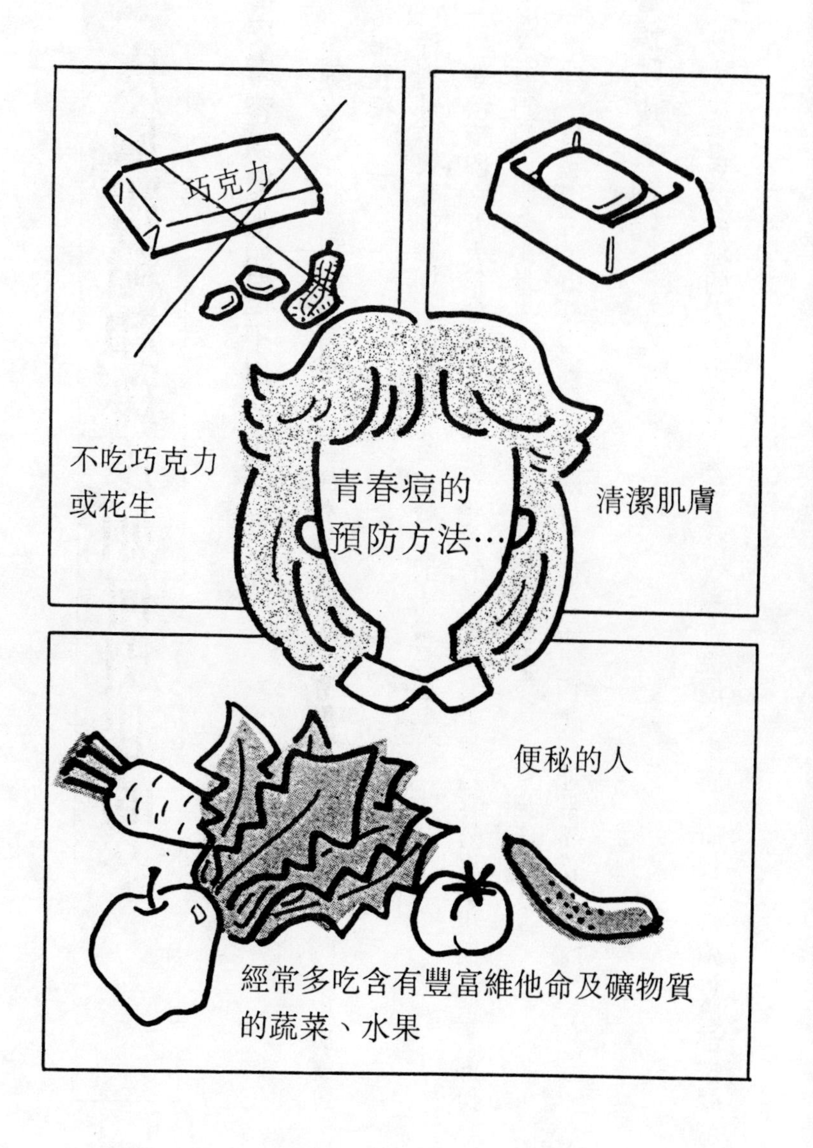
巧克力
不吃巧克力
或花生
青春痘的
預防方法…
清潔肌膚
便秘的人
經常多吃含有豐富維他命及礦物質
的蔬菜、水果

皮膚粗糙和斑疹如何引起的？

●皮膚容易變得粗糙不堪的人

各種皮膚症狀當中，皮膚粗糙是一種常見的症狀。當角質裡的水分減少時，皮膚就會變得很粗糙。

特別是冬天乾燥時期，以及皮脂分泌較少的人最易引起。一般治療四、五天就會好了，可是有些人的體質，天生就是容易皮膚粗糙。這大部份是因爲他們的皮脂分泌量太少，而且在冬天最容易引發。

還有一種起因，是由於用香皂洗臉洗得太過分了，而把皮脂膜都洗掉了。

●預防皮膚粗糙

冬天皮膚容易乾糙的人，應儘量避免寒冷空氣直接侵入皮膚，而且經常施行臉部按摩

冬天氣候乾燥的時候，或者是皮脂分泌過少的人，很容易引起皮膚粗糙、皸裂。有時候也會因為使用洗面皂洗臉過度而把皮脂膜洗掉引起。

以促進皮脂分泌。使用品質良好的洗面皂來洗臉，洗完後擦些適合自己皮膚的化妝水及面霜，以補充皮膚的水分和油分。

這比起雀斑和皺紋的保養簡單多了。

●斑疹的原因

皮膚雖然具有保護身體不受外界刺激的作用，但是有時候這些外來的刺激太過强烈，超過皮膚所能負荷時，皮膚就會發炎。醫學上稱爲接觸性皮膚炎。

詳細解釋的話，也就是一種警告我們的現象，它告訴我們有不適合於我們身體的物質侵入了。

容易引起接觸性皮膚炎的東西像漆樹、無花果、銀杏、常春藤等植物；蝶、蛾、毛毛蟲等動物；以及酸、鹼、農藥、機油、藥品、礦油、橡膠、不銹鋼、色素、清潔劑等化學製品。

症狀是發燒、發癢，接觸到異物的部位腫脹、起丘疹。如果是慢性的情形，皮膚通紅、奇癢難耐、角質變厚，最後形成像頭皮屑般的皮膚屑會脱落。

引起斑疹的原因……
植物性物質
漆樹
銀杏
常春藤
無花果
動物性物質
蝶
蛾
毛毛蟲
化學製品
酸
鹼
藥品
農藥
機油
洗潔劑

●預防斑疹

斑疹最好的預防方法，自然是避免接近那些因素的物質。

如果不小心碰觸了，立刻用清水沖洗乾淨。

如果不幸已起斑疹，那麼洗臉時不要使用香皂，吃的東西也不要有刺激性。

●過敏性皮膚炎

和斑疹很相似，普通人沒什麼症狀，只有某些特定的人才會起斑疹。

過敏性的接觸皮膚炎是由抗原體反應而引起的。譬如，當有某些物質（抗原）刺激皮膚時，皮膚就會因應產生對抗的物質（抗體）。可是，形成這些抗體的物質接觸到皮膚時，有可能因此引起皮膚發炎的情形。

這也就表示，對某些人毫無反應的物質，卻能引起某些人過敏性的皮膚炎，這些物質反而成爲變應原。

抗體反應的重要功能是當病原菌侵入體內時，扼殺這些病原體，阻止病原體活動。然

過敏性的接觸皮膚炎是由抗原抗體反應而引起的

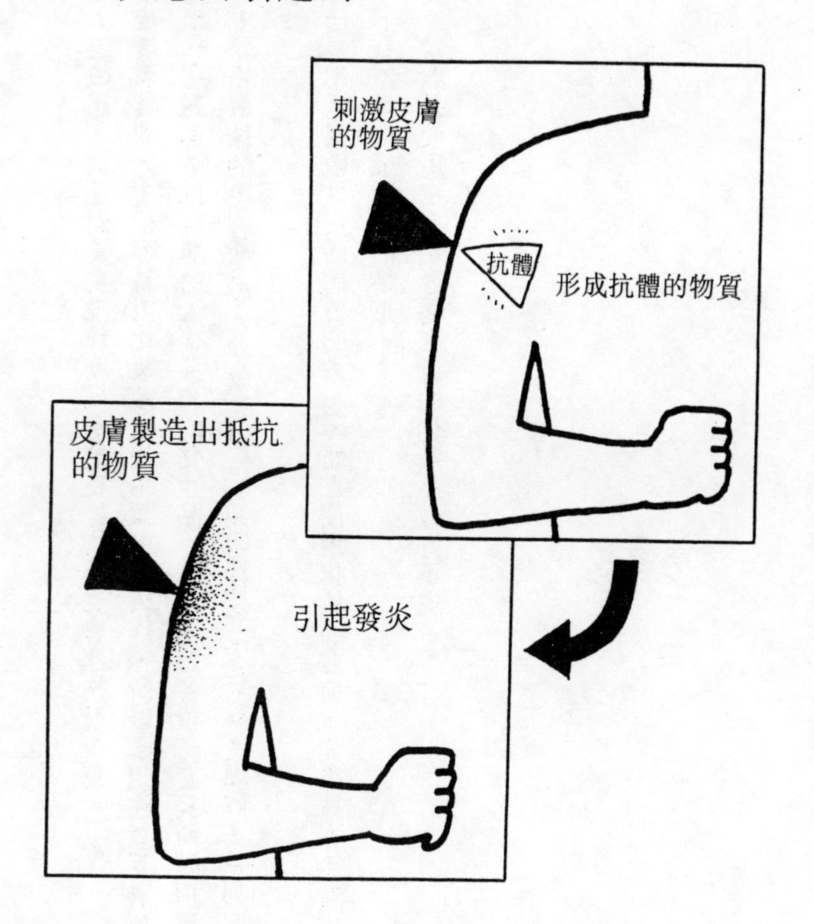

而如果抗體反應太過敏感，就連對皮膚沒什麼反應的良好物質也會起抗體反應。

因爲過敏性皮膚體質的人，很容易因化妝品的使用而引起斑疹，所以必須注意妥善使用。最近開發出來一些對過敏性皮膚的人很溫和的化妝品。在此介紹各位一套我所試用過的各種化妝品當中效果最佳的美容聖品，那就是第一章所提到的秀伊娜•過敏•系列製品。

如果懷疑自己是不是過敏性皮膚體質的人，不妨在使用化妝品之前，先塗抹在手臂內側看看，確定一下有無變紅或發癢的情形。

用不著多說，當然是使用沒有刺激物含量的化妝品最好不過了。

第5章 何謂化妝品

在談化妝品之前

●化妝品與皮膚

化妝品大略可以區分肌膚保養用的洗臉用面霜和化妝水等最基礎的化妝品，以及底層化妝用的面霜和口紅等化妝用的化妝品兩大類。

化妝的歷史可以說是自有人類以來立刻就誕生的了。自古以來的人類，尤其是女性，都希望自己變得更漂亮，所以化妝持續到今。化妝的歷史演變到現在，已經變成隨時隨地可以購買到各種不同的化妝品的便利地步了。

然而另一件不幸的事實卻也發生了，隨著很多好的化妝品的問世，因化妝品引起的斑疹等之類的皮膚炎卻相對地激增。

總結引起皮膚不良症狀的原因，不外是皮膚很明顯地侵入有害物質——現在這種情況

過敏性皮膚炎的人
使用引起的
很明顯地含有危害
人體的物質而引起的
化妝品
引起的
麻煩
擦拭過量的
底層化妝品
想蓋住青春痘
使用方法錯誤而引起的
生病時使用
而引起的

幾乎不存在——過敏性皮膚體質的人，身體狀況不佳時，使用方法錯誤等等。

其中又以因爲使用方法不當而引起的皮膚症狀居多，例如爲了遮掩青春痘而使用過量的基層面霜、造成毛孔阻塞、青春痘更嚴重。

結果，本來可以自然痊癒的症狀，卻拖延更久。

●不要忘記化妝是異物

不管多好的化妝品，對皮膚來說都是異物。

由皮脂和汗組合而成的皮脂膜，可以說是皮膚的自然乳霜。有些人的皮脂膜機能十分健全，根本不必使用化妝品。可是比起男性，女性的皮脂分泌量比較少，所以皮膚很容易乾燥，這時候就必須使用一些化妝品來保持肌膚的美麗了。

另外，年紀大了以後，皮膚的新陳代謝就會衰退，所以更要好好利用化妝品來重整美麗肌膚。

至於十來歲的健康皮膚擁有者，倒可不必依賴化妝品來保養，只要利用自然的乳霜就夠了。這個年紀是不需要使用任何化妝品的。

●勿期望過高

法律上對化妝品的定義如下：

「清潔身體、改變容貌、增加美麗與魅力；還有，爲了保持健康的皮膚和毛髮而以塗抹散佈，或其他類似的方法被使用的東西，對人體具有緩和的作用」。化妝品與藥品是不一樣的，它是指「對人體具有緩和作用的東西」，因此不同於因使用乳霜而治好青春痘的情形。

基礎化妝品是指對皮膚作用溫和，並能促進皮膚新代謝的化妝品。

其次，具有藥效的化妝品是屬於醫藥部外用品，並非所謂的化妝品。這種藥物講究的的是治療效果，所以使用前必須詳細請教藥局或藥店等專家，以免使用方法錯誤。

●使用前必須注意事項

基本上講起來，化妝品對人體的肌膚算是一種異物。所以在使用之前有下列幾件事必須謹守。

▽身體狀況不佳和皮膚起斑疹時不要使用

即使是用慣了的化妝品，在你的身體不適時，也有可能產生意想不到的反應出來。只要稍微感到不舒服就避免使用。有些女孩子月經來時，荷爾蒙會失調，所以月經前後很容易因爲使用化妝品而引起皮膚斑疹。請配合自己的身體狀況來使用化妝品。

如果皮膚很粗糙的時候，還是有點起斑疹的樣子時，也請不要使用化妝品。特別是好像由化妝品所引起的斑疹出現時，一定絕對不要再使用化妝品了。

長了滿臉的青春痘時，最好不要擦抹任何化妝底層用的面霜。

想要肌膚美麗，最重要的事是保持肌膚的清潔。隨時提醒自己使用刺激性最少的洗面皂來洗臉。

▽從外面回到家後立刻卸妝

化妝用的化妝品是增添美麗不可或缺的東西，但是長時間的妝留在臉上時，毛孔會堵塞，妨礙皮膚正常的新陳代謝作用。

注意事項
身體不舒服或皮膚起斑疹
時不要使用
外出回家後儘快卸妝

充當化妝用的底層面霜，最好是使用純油（未經正確化學方法精製的純粹新鮮油分）。

一般的晚霜幾乎都是營養面霜，但如果認爲既是晚霜，大可放心地出門，那可就大錯特錯了。因爲塗抹在臉上的晚霜，可能因爲紫外線等而起變化，產生料所未及的刺激。

別忘了，唯有確實辨別使用化妝品的場所與時間，才能夠擁有令人稱羡的美麗肌膚。

▽一感到不合適就馬上停用

請不要一直更換不同品牌的化妝品。找到適合自己皮膚的化妝品就一直使用下去吧！

嘗試使用新的化妝品時，特別是皮膚較敏感的人，不妨先倒一點塗在手臂內側，確定不起不良反應後再使用於臉部。

這叫反應試驗。塗抹之後過了幾個小時，如果不變紅、也不會癢，那表示可以使用。因爲手臂內側靠近腋下的部位是最敏感的地方，假如這個地方沒有異常狀況發生，那麼使用在臉部自然没問題。

雖然經過反應試驗没有問題，但是如果塗抹在臉上的化妝品被陽光照射後，有可能使

一覺得不合適就立刻停用
皮膚敏感的人一定要先塗些在手臂內側靠近腋下部位，確定無不良反應後再使用。

臉上皮膚產生斑疹；或者是去工廠灰塵多的地方，也有可能引起皮膚炎。

有些人因爲捨不得專程買回來的化妝品，縱使有一點點不舒服的感覺，也捨不得丟棄不用。希望這種舉動停止下來才好。

平常用習慣的化妝品，也有可能因爲身體狀況及周圍環境的變化，而引起斑疹。這時候的因應措施，乃暫時停止使用該化妝品。

▽不要一次使用過量

相信幾乎所有的女人都有化妝品，但請不要亂買許多各種不同製造廠商的產品。同樣功用的面霜，因爲製造廠商的不同，裡面所含的成分多多少少不一樣。因此，如果每天更換使用不同品牌化妝品，極易造成皮膚上的困擾。

果真這樣可就麻煩了。當因使用化妝品而引起皮膚上的毛病時，如果平時只使用一個廠牌化妝品，那麼問題很容易很快解決。

化妝品是女性朋友們日常生活中不可缺少的美容用品，希望各位愛美的女性朋友，不但要充分了解自己的膚質特性，也要巧妙且正確地使用化妝品。

不要同時擁有太多不同品牌的化妝品

何謂基礎化妝品

●基礎化妝品的功用

使用基礎化妝品的目的，首先就是要清潔皮膚。清潔皮膚的工作是維持皮膚健康狀態最重要的一件事。而基礎化妝品最大的目的，也是把重點放在清潔皮膚之上。

第二個目的是保護皮膚不受外界寒冷空氣等的侵害。此外，防禦對肌膚有害的紫外線的照射。

況且，可以補充自然面霜之不足，換句話說，就是補給養分到由皮脂及汗組合成的皮脂膜。雖然擁有十分健康的皮脂膜的人没有補充的必要，但是女性比男性分泌的皮脂量少，尤其是三十歲以後更需要補充，這才是明智之舉。

其他的目的，如保持皮膚的濕潤、滋養皮膚等。

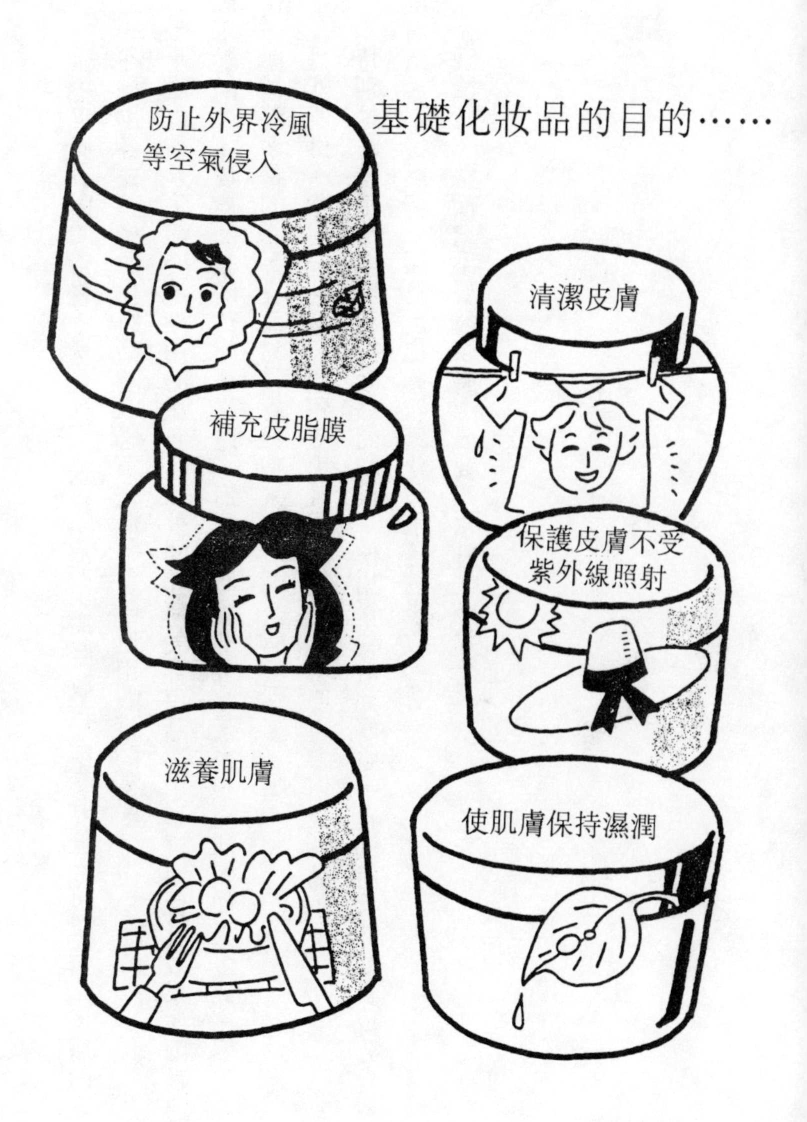
基礎化妝品的目的……
防止外界冷風
等空氣侵入
清潔皮膚
補充皮脂膜
保護皮膚不受
紫外線照射
滋養肌膚
使肌膚保持濕潤

給予皮膚表面的營養雖然只是一點點，但皮膚吸收這些養分後，可以防止皮膚的衰老。在挑選各式各樣的化妝品時，必須先清楚自己使用的目的。

十歲以前是不需要清潔用的化妝品以外的任何美容用品，用了反而會反效果。因爲這個年齡的人，皮膚的新陳代謝很活躍，而且皮脂膜的分泌量也很充沛，如果多此一舉，擦拭一些營養面霜的話，反而易長青春痘。

另外值得注意的一點是，達到使用目的之後，就不要再多用化妝品了。

特別是在使用清潔霜和按摩霜的時候，使用量要恰到好處，否則所含的油質成分會對皮膚造成不良影響。而且，也會妨礙化妝水等的吸收。

洗臉時，洗面皂不要殘留臉上，要用水沖洗乾淨。

基礎化妝品的知識

●洗臉用基礎化妝品

不管做什麼樣的肌膚保養，最基本的保養是保持皮膚的清潔。

一整天暴露在瀰漫灰塵之空氣中的臉，很容易變髒。有自然的面霜之稱的皮脂膜，也就覆蓋上許多灰塵，這對皮膚有很不良的影響。

連平常的化妝也對皮膚有不良的影響。這些妝是皮膚的異物，如果長久附著於臉上，自然對臉部肌膚產生不良影響。

肌膚受污染時，皮膚正常的功能就會受阻礙，變成容易生長青春痘或腫疱。

爲了預防這些皮膚症狀的發生，必須徹底地清洗臉部。

洗臉會把老化的角質洗掉，也會洗掉一些皮脂膜，使皮膚早日恢復本來的狀態，結果是促進了皮膚的新陳代謝。

●什麼樣的洗面皂比較好

洗臉時最常用的是香皂。化妝所卡的髒物，雖然可以用清潔霜來清除，但是光靠清潔霜，並不能完全使老化的角質脫落。

香皂裡所含的洗淨力是來自香皂裡的脂肪酸。

皮膚正常時候是呈現弱酸性，如果使用鹼性香皂，可以洗得一乾二淨。香皂裡所含的鹼性成分可以軟化老化的角質，使皮膚變得柔滑，故可安心使用。

但是，假如鹼性成分含量過多的話，會使角質過於軟化，反而容易造成皮膚的刺激。

含有大量香料和色素的洗面皂也請避免。

可見最理想的洗面皂是不含香料、色素的鹼性香皂。

皮膚較敏感的人，最好使用含多量脂肪酸的過脂肪酸香皂，或者是弱酸性的氨基酸香皂。

用洗面皂洗臉時，必須注意用清水沖洗乾淨，以免香皂成分殘留在皮膚上面。假如沒有用水沖洗乾淨的話，香皂成分會殘留在皮膚表面，尤其是殘留在膚壁上，更會刺激皮

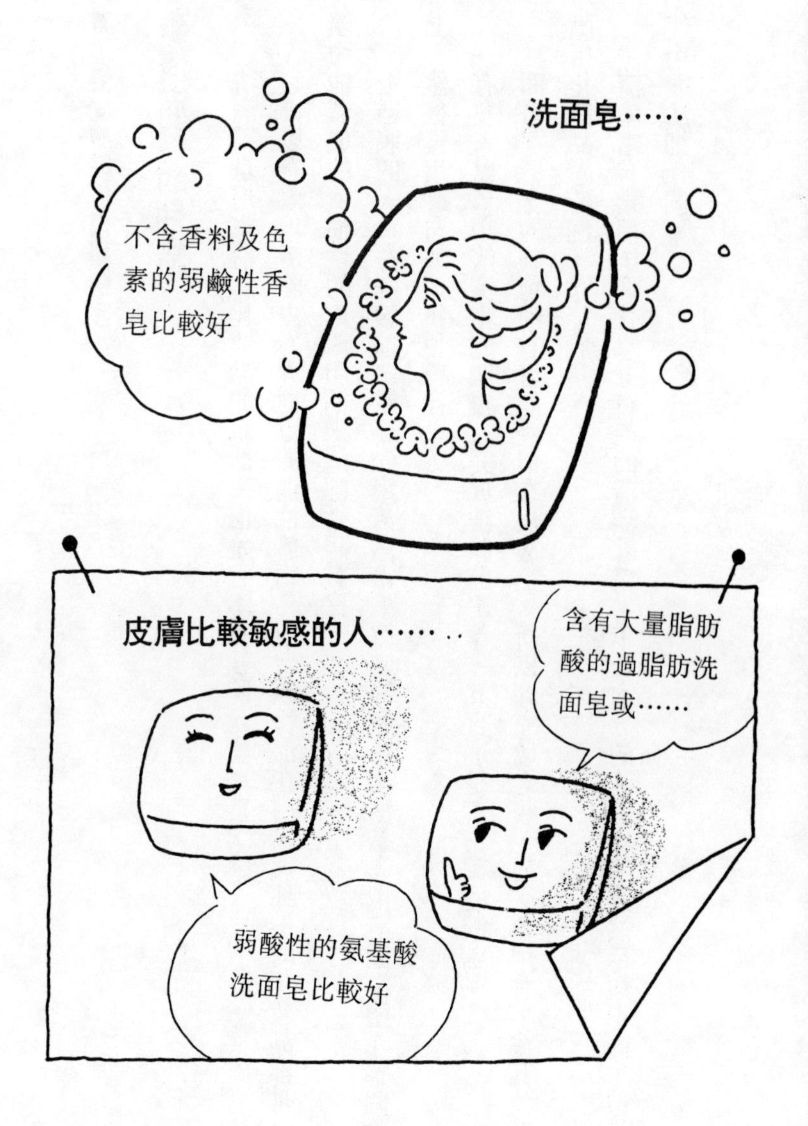
洗面皂……
不含香料及色素的弱鹼性香皂比較好
皮膚比較敏感的人……..
含有大量脂肪酸的過脂肪洗面皂或……
弱酸性的氨基酸洗面皂比較好

膚，使皮膚變得很粗糙。

●清潔霜的知識

清潔霜是用來清除化妝品的東西。但是它不具祛除角質的能力。它可以有效地清除皮膚表面上的油性髒物，包含礦物油在內。大部份的化妝品都是由礦物油製成的。油性的東西用油來清除會很乾淨。上過妝的人，在洗臉前一定要先用清潔霜來徹底卸妝。用法是先把清潔霜塗在整個臉上，然後再用紗布或面紙擦乾淨。

有些人以爲用清潔霜卸妝後就完成洗臉的工作，其實這是不正確的觀念。面霜裡所含的礦物油有可能殘留在皮膚上，所以卸完妝之後，尚必須用香皂或其他洗臉用化妝品來清洗，才能脫落。

清潔霜有幾種，像含水分較多的清潔乳霜，不含水分的清潔油。雖然種類不同，但是使用方法卻相同。

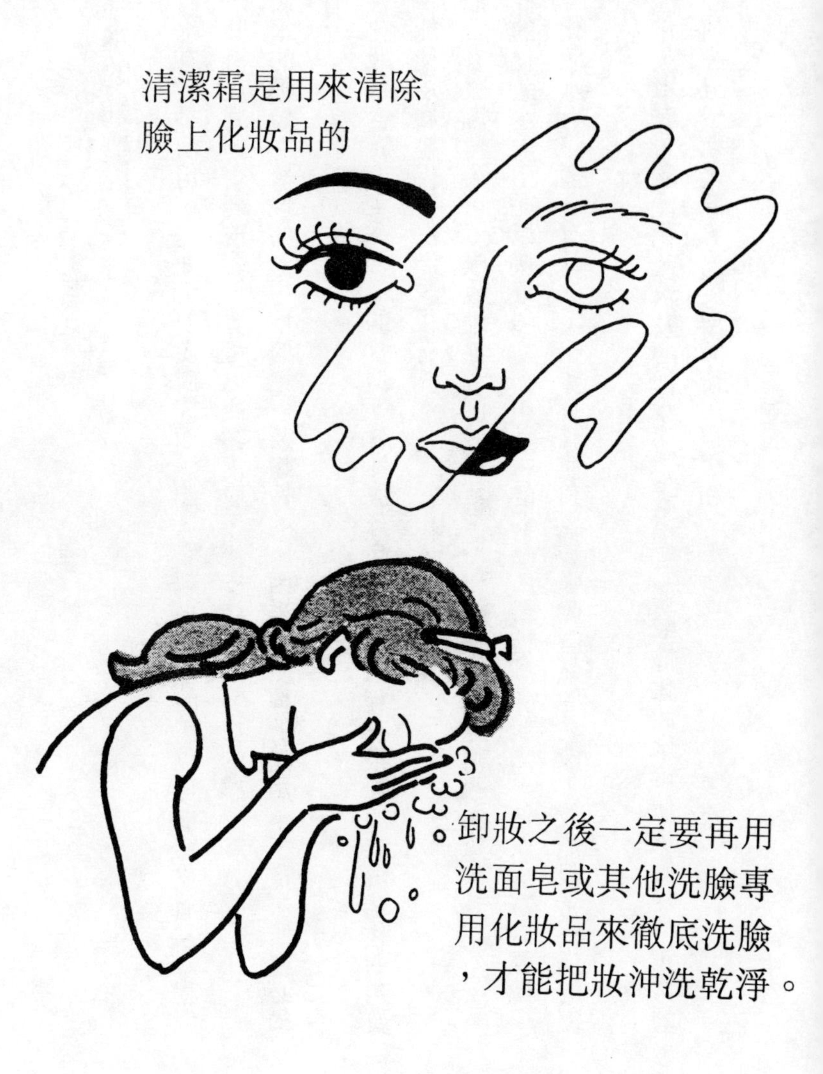
清潔霜是用來清除
臉上化妝品的
卸妝之後一定要再用
洗面皂或其他洗臉專
用化妝品來徹底洗臉
，才能把妝沖洗乾淨。

●化妝水的知識

化妝水有很多功用，比如可使皮膚表面濕潤，看起來水水的，也可以給皮膚某一程度的刺激，圓滑皮膚的生理機能，更可以冷卻皮膚，使皮膚產生爽快的感覺。

化妝水的種類有酸性的、中性的、以及鹼性的。因爲每一種的功用不一樣，所以必須牢牢記住。

鹼性化妝水含有五～一〇%的甘油。鹼性成分高的化妝水具有很強的溶解老化的角質的力量，能使皮膚變得很滑溜、很有潤澤。

甘油具有吸濕性，可以吸收外界潮濕的空氣，所以會使皮膚變得很柔嫩。

鹼性的化妝水中，尤以接近PH７（中性）的弱鹼，最能軟化肌膚，使肌膚富有彈性。

中性化妝水有很多含有甘油，一樣具有使角質層吸收濕氣的功能，故能保持皮膚的濕潤。

酸性化妝水有弱酸性化妝水及酸性化妝水兩種。弱酸性化妝水可使皮膚保持正常的PH值。PH值在五～六之間，對皮膚的作用很緩和。

給予皮膚適當的刺
激、促進皮膚的生
理機能圓滑進行。
補給皮膚表面水分
，使皮膚濕潤。
化妝水‥
冷卻皮膚、產生爽快的舒服感覺。

夏天容易出汗，皮膚的表面有鹼性傾向時，使用這種弱酸性的化妝品，則可使皮膚恢復弱酸性。至於酸性化妝水，因爲它具有高度酸性成分，可以加强皮膚收縮的能力。這種化妝水裡頭大都含有酒精成分。

冷水可使皮膚起收縮的作用，而酒精則具有取代冷水，使皮膚引起收縮作用的功能。此外，藉著酸成分的作用也可以抑制汗和皮脂的分泌。

所以，油性皮膚的人和夏天容易出汗的人，相當適合使用這種酸性化妝水。只不過冬天長期使用時，皮膚的機能反會減弱。不管那一種酸性的化妝水，都具有使皮膚保持在弱酸性狀態的功能，這樣一來的話，自然可以抑制皮膚表面細菌的繁殖了。

●乳液的知識

乳液可以把它想成是一種水分較多的面霜。

抹上的乳液，等水分蒸發以後，面霜就殘留在皮膚的表面，在皮膚上形成一層薄薄的脂肪膜。乳液擁有保濕的功能，可使皮膚軟化。因爲油分很少，故建議不需要油分的油性皮膚的人，在夏天時多加使用。

化妝水有三種
鹼性化妝水
具有溶解老化的角
質層的優異功能，
中性化妝水
使皮膚表面光澤滑溜。
甘油成份多，可使
角質層吸收濕氣，
保持肌膚濕潤。
酸性化妝水
酸性愈高、愈能强
化皮膚收縮的能力。

●面霜的知識

面霜爲何被使用呢？

洗完臉的皮膚，由於覆蓋在皮膚表面的皮脂膜被沖洗掉了，所以過沒多久就會覺得臉部皮膚繃得很緊。這時候趕快塗抹一些面霜，可暫時補充流失的皮脂膜，維持皮膚的濕潤，和保護皮膚不受外界刺激。

而且，皮膚自行吸收來的水分很快就蒸發掉，所以擦些面霜可抑制水分的蒸發，讓皮膚保持濕潤。

面霜中雖然也有營養霜的東西，但是能被皮膚吸收的養分卻少之又少，所以光靠面霜來補充養分是絕對不夠的。皮膚真正均衡的營養，主要是來自我們每天所吃的食物當中。

所以我們可以說，要求面霜補給皮膚營養的期望不可過高。

冷霜是一種含有多量植物性油或動物性油的面霜，很容易滲透到皮膚裡面，可使乾燥的皮膚變得滑溜細緻。

冷霜適合乾性皮膚的人使用。另外，在冬天氣候乾燥的時期使用也十分恰當。

冷霜
含有大量的植物性、動物性油分，很容易滲透到皮膚裡，可使粗糙乾燥的皮膚變光滑細嫩
乾性皮膚及乾燥的冬天使用
粉質雪花膏（乾性面霜）
所含油分很少，水分很多
二十來歲的女性或化妝底層使用

事實上，很多晚霜或按摩用面霜都是一種冷霜。粉質雪花膏（乾性面霜）所含的油分很少、水分很多，擦在皮膚上很快就被吸收而消失不見，因而得名。

因爲油分很少，故適用於二十來歲的女性，以及當作化妝底層用。

中性面霜是在乾性面霜中多加一些油分。

它是介於冷霜與乾性面霜之間。

使用面霜必須認清自己的皮膚狀態，不同的狀態使用不同的面霜。

至於所謂的營養霜則是在粉質雪花膏和中性面霜加上各種不同的成分而形成的。

例如，維生素C、維生素E、荷爾蒙等。

其中對加入荷爾蒙的面霜，使用上必須特別小心才好。使用之前應該聽從皮膚科醫生的指導。因爲面霜可以長時間附著在皮膚上，所以很容易引起不良的皮膚症狀。

假如使用礦物性的面霜，會引起皮膚裡色素沈澱。

工廠在製造面霜時，都會使用一些高級酒精以及碳化氫等物質，所以有時候擦抹面霜會引起斑疹、或粗糙。很多顏面黑皮症是因爲使用面霜而引起的。

正確地了解每一種面霜的特性，再配合自己的皮膚狀態、季節氣候來使用。

●防止皮膚衰老的美容劑（麵粉、蛋、果汁混合物）的知識

防止皮膚衰老的美容材料種類繁多，其使用目的如下：

- 清潔皮膚表面的污垢。
- 使皮膚有彈性和張力。
- 使皮膚變得白皙。

這種可以防止皮膚衰老的美容材料，緊密地貼在皮膚上，形成一層遮斷皮膚與外界氣體接觸的保護膜。

如此一來，皮脂及汗不易分泌，相反的反能刺激皮膚，使皮脂和汗可排出體外。而且角質也軟化、毛孔擴大，含在美容材料裡的成分，便可方便地滲透到皮膚裡。

當臉上充分抹勻這種防止皮膚衰老的美容劑之後，便會很快地滲透毛孔而抵達皮膚裡，使皮膚底部的污垢和角質裡的髒物浮現出來。所以，一般的清潔工作以及洗臉所不能掉落的皮膚污垢和老舊廢棄物，卻可以使用這種特殊混合物的美容劑來徹底清除，使皮膚變得新鮮、有生氣。

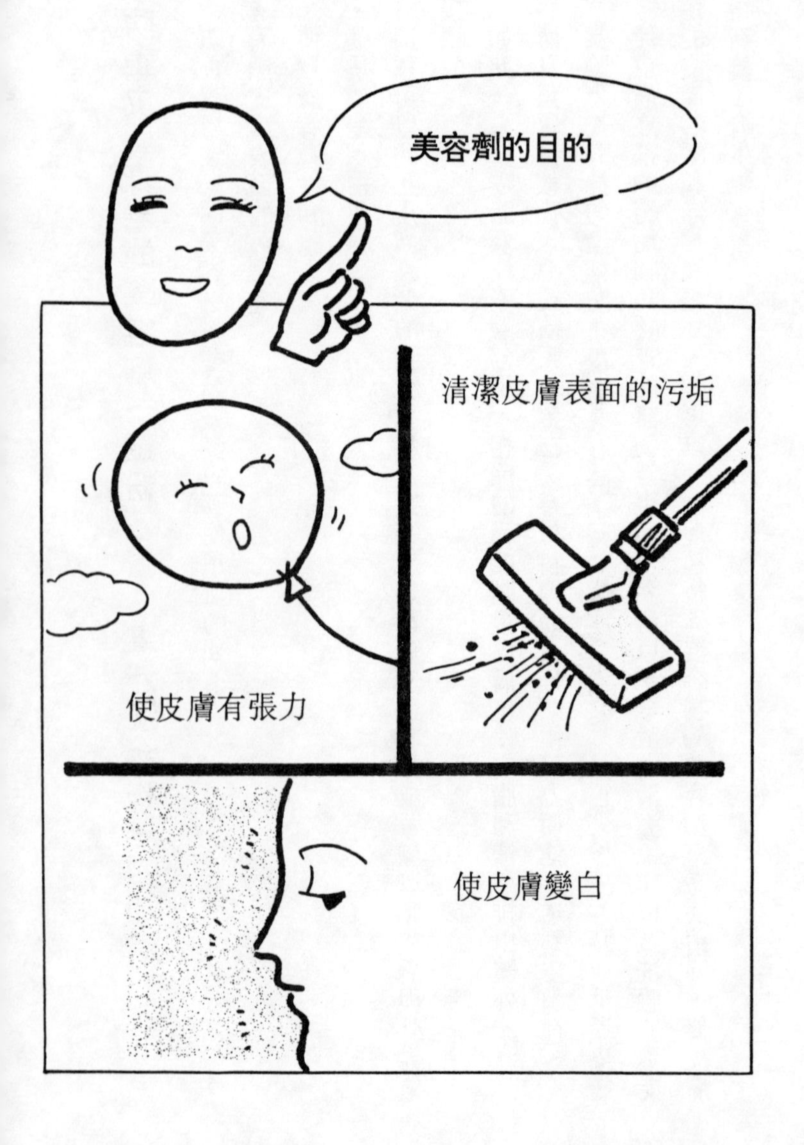
美容劑的目的
清潔皮膚表面的污垢
使皮膚有張力
使皮膚變白

混合美容劑不但可以在一段時間內覆蓋表皮，使皮膚密閉其所形成保護膜之下，也可以促進皮膚血路的流通，對皮膚的新陳代謝幫助很大。甚至還能補充適當的水分、油分，預防皺紋的產生，甚至使肌膚濕潤滑溜、富有彈性。

在此想特別推薦各位，平常不太使用混合美容劑的人，在皮膚的新陳代謝遠比夏天惡劣（不良）的秋天裡，希望各位試著一週使用一～二次的混合美容劑看看，相信效果一定令人很滿意。

夏天因爲水分容易流失，而且因爲食慾不振的關係，很容易引起營養失調。皮膚當然也和身體狀況一樣，處於疲憊的狀態之中。夏天，細胞因含水量多而鼓漲起來；可是到了吹起秋風的時候，皮膚又開始變得乾燥起來，細胞因缺水而萎縮。這種細胞的膨脹與萎縮的變化結果，就會形成皺紋了。因受紫外線照射的緣故而引起的雀斑、蕎麥皮，也要趁早在色素沈澱作用尚未開始之前及早做保養。

希望各位能巧妙地活用適合自己皮膚狀態的混合美容材料來防止肌膚的衰老。在這裡鄭重爲各位推薦一個乳霜狀的美容聖品，叫做「漂白混合美容劑M。」

卸妝、洗臉之後，除了眼睛和嘴唇之外，用無名指抹上漂白美容劑在全部臉上大約二公釐厚。

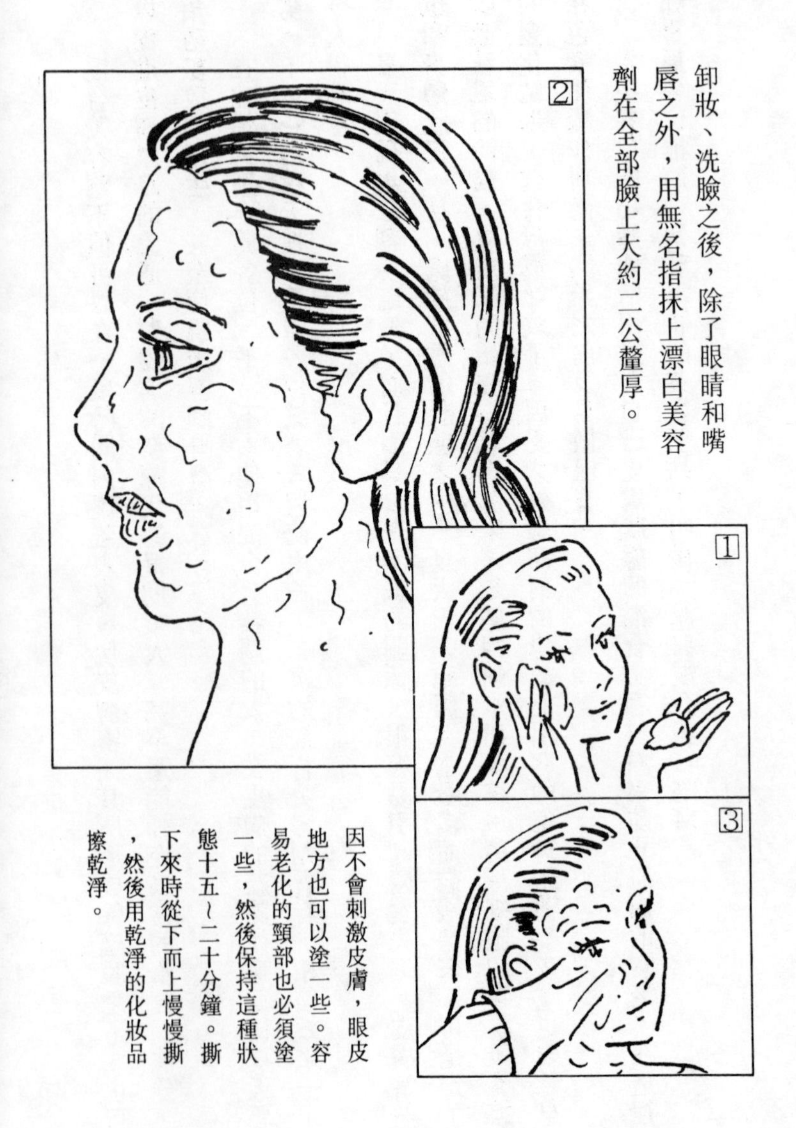

因不會刺激皮膚，眼皮地方也可以塗一些。容易老化的頸部也必須塗一些，然後保持這種狀態十五～二十分鐘。撕下來時從下而上慢慢撕，然後用乾淨的化妝品擦乾淨。

化妝用化妝品的基本知識

●化妝的目的

化妝用的化妝品，目的無異是想使人的外表看起來更漂亮。因此，這種化妝品並不含使肌膚變美的功能。長久化妝會刺激皮膚、阻礙皮膚的新陳代謝。這一點必須注意。然而話雖如此，近來安全性高的化妝品愈來愈多了，所以倒可不必太擔心。

爲了突顯外表，化妝品確實發揮了很神奇的功效。

比起一般基礎化妝品，化妝用的化妝品可說更具優點。比方說它可以遮蓋住蕎麥皮或雀斑，使臉色轉好，也可以防止紫外線直接照射到皮膚。

談到化妝的基本知識，要注意平常化妝最好是淡妝，以不造成對皮膚的負擔爲主，而且只有在必要的時候才化妝，一旦化了妝，則必須注意儘早卸妝。

十來歲的健康皮膚是人見人愛，看起來相當舒服的皮膚。如果刻意化妝，只會加速皮膚的老化罷了。此外，平常在家時也儘量不要化妝，讓臉部不施抹粉脂。努力維持皮膚的休息狀態，是一件很重要的工作。

如果非化妝不可時，別忘了化妝之前擦抹些底層的基礎化妝品，卸妝之後務必徹底清洗臉部殘留的污垢。直接使用化妝用化妝品會造成對皮膚的刺激，應該避免。

●底層化妝品的知識

可以使粗大的毛細孔變得不明顯，也可以遮掩膚色及雀斑。

底層化妝品用的面霜裡加有一些香粉，而且大部份的製品都含有礦物性油，所以延伸性和保持性很好。但是我們都知道礦物性油具有硬化角質的作用，所以不要長時間使用。最好是使用含有少量植物性油的底層化妝品。

髒東西停留在皮膚上不易脫落，請在長有青春痘和膿疱時不要使用。外出回家後，請儘快用油性雪花膏徹底清除底層化妝品，然後再用洗面皂好好把臉洗乾淨。

●撲粉的知識

撲粉會使皮膚乾
燥，請使用保濕
面霜。

經常抹口紅會造成唇
部肌膚粗糙。外出回
來後馬上擦掉，補充
一些油分。

撲粉的使用目的與底層化妝品一樣。它的成分有二氧化鈦、亞鉛華、燐滑石粉等。其中二氧化鈦以及亞鉛華的功用是白皙皮膚，防止紫外線的照射。

至於燐的成分會使皮膚乾燥，所以化妝前必須先擦些有保濕性（濕氣）的面霜。撲粉也一樣，從外面回來後要馬上用清潔霜清除乾淨，然後再把臉沖洗乾淨。

●口紅的知識

口紅擦塗過度會造成嘴唇皮膚的粗糙。本來，嘴唇部分的皮脂分泌量就很少了，到了冬天更容易粗糙，而口紅會雪上加霜，使得粗糙的情形更加嚴重。外出一回來立刻把口紅擦掉，可用前面介紹過的純粹原油來補給油分，以防嘴唇的乾燥、粗糙。

●眼睛四周用的化妝品的知識

眼睛四周常使用的化妝品有眼線膏、染眉毛（劑）、眼影等。但是眼睛四周是皮膚最薄弱的部位，所以很容易起斑疹。一旦發現異常就立刻停止使用。

何謂自然化妝品

●過分相信反而危險

最近順應自然吃法的潮流，市面上的化妝品，也出現很多强調自然的化妝品。自然化妝品，顧名思議是使用自然的野草、植物等製作而成。甚至有些商店專門販賣這種自然化妝品。

自然化妝品想像起來好像比化學製品的化妝品不易引起皮膚症狀，可是實際上，它卻有可能使用香料、或者是添加防腐劑，所以絶不能掉以輕心。

如果是在自己家庭製造的話，使用起來自可安心。但不管是哪一種自然化妝品，都不可過分依賴而期待戲劇性的美容效果。

目前市面上最常看到的自然化妝品當中，主要的是柳丁與檸檬提煉出的精萃。

柳丁和檸檬裡含有枸橼酸和維生素C，可以收縮皮膚。很適合油性皮膚和容易出汗的人使用。含有甘草精萃的自然化妝品，則適合皮膚易起斑疹的人使用。

最近一些純粹原油、深海鯊魚的肝油所提煉出來的天然成分，以及鱷梨油都相當受歡迎。因爲這些天然的成分，可以使衰老的皮膚更加活躍。

化妝品的使用方法

●基礎化妝品

基礎化妝品是用來清潔肌膚、促進皮膚新陳代謝、保持素膚健康的。白天和晚上的使用方法是不一樣的。

白天，洗完臉之後，可用酸性化妝水來收縮皮膚，然後再用乳液或面霜來保護皮膚及充當化妝底層。

晚上，利用清潔霜等化妝品將臉上的妝卸乾淨，再用洗面皂清洗臉部，之後才塗上晚霜，做適度的按摩。

記住，乾性皮膚的人，睡前可使用晚霜；但油性皮膚的人卻不可使用。

至於化妝水的使用，油性皮膚的人，應該使用酸性化妝水；皮膚容易過敏的人，則該使用弱酸性的化妝水。

總而言之，爲了恢復疲憊的皮膚，最好是使用基礎化妝品。

●明白皮膚的性質

相信有人會說日本人使用化妝品過度。爲什麼這麼說呢？因爲有很多人洗臉後一定先擦按摩霜來按摩臉部肌膚，之後再擦化妝水和面霜，甚至認爲不用營養霜，皮膚會很快衰老。殊不知人的皮膚狀態是每天都在改變的。

其實，油性皮膚的人只需使用化妝水就夠了，根本没有必要再使用面霜了。

而且隨著季節不同的變化，皮膚的狀態也跟著不一樣。當夏天炎熱容易出汗的時期，該使用弱酸性的化妝品，至於冬天寒冷乾燥的時期，則該使用面霜以增進皮脂膜的作用。

乾性皮膚的人，最重要的是要補充角質裡的水分。因此把臉洗乾淨後，可使用保濕性强的保濕化妝水和保濕的乳液。

注意不要使用酸性强烈的化妝水。

二十～二十二、三歲左右的人，洗臉後只需擦些弱酸性的化妝水就可以了。

油性皮膚的人，因爲皮膚很容易附著污垢，所以務請勤快洗臉，隨時保持臉部肌膚的

油性皮膚的人如
果只使用化妝水
就可以時，那就
不必再使用任何
面霜了。
洗臉
用面霜來按摩
化妝水
面霜
營養霜
面霜
弱酸性
天乾物燥的冬季要使用
面霜來保養肌膚
大量出汗時要使用
弱酸性化妝品

清潔。

化妝水最好使用酸性的化妝水，而且收斂性較强的比較合適。由於油性皮膚的人，本身皮脂的分泌量特別多，所以不太有必要再使用面霜之類的保養品了。

中性皮膚的人當中，有些人只有在額頭、鼻子四周和嘴唇周圍部位呈現出油性皮膚。這種情形的人，在油性皮膚的部份需使用酸性化妝品，至於其他部份則可使用乳液或面霜。

同一個人，隨著年齡的增長，皮脂的分泌量愈來愈少。所以三十歲以後，別忘了要使用面霜等保養品，稍微補充皮脂分泌物之不足。

總而言之，使用化妝品必須考慮到季節與身體狀況的因素，更必須很清楚自己的皮膚狀態。

唯有如此，方能發揮最高的美容效果，使皮膚症狀的引發率降至最低。

●化妝的方法

化妝時也必須很清楚地知道自己的皮膚狀態。

乾性皮膚的人，底層用的化妝品相當不易塗匀，所以不易上妝。化妝之前最好抹些保濕的化妝水或乳液後，再塗底層化妝品。

油性皮膚的人不可使用油性的底層化妝品，只需擦些化妝水即可。化妝水常使用收斂性較强的種類，以便抑制皮脂或汗的分泌量。

有些人爲了預防妝的掉落而故意濃妝艷抹，須知這是皮膚大忌，應該避免。

基本上化妝的重點乃在平日素膚的保養，儘量以輕輕淡淡的化妝來美化自己。

●一旦引起皮膚症狀

因爲化妝品直接與皮膚接觸，所以由於化妝品的成分和自己體質的關係所引起的皮膚症狀，可以說是難以避免的。

這些症狀有：發癢、起斑疹、濕疹、面疱，甚至嚴重的情形變成女子顏面黑皮症。

引起上述症狀的原因很多，例如，因爲剛換用一種新的化妝品，同時使用好幾種化妝品而引起聯合反應，長期使用或因陽光等，引起化妝品品質的變化等等。

另外，即使一直使用同一種化妝品，也有可能因爲自己身體的狀況不同而起斑疹。

假如發癢或斑疹的症狀發生時，就該立刻停止使用該產品，並仔細觀察病情。給專門的醫生檢查看看，找出引起斑疹的原因，而在下一次開始使用新的化妝品時，可先滴一點在手臂內側靠近腋下的柔嫩皮膚上，確定經過幾個小時之後仍然沒起什麼變化之前再使用。

只是有時候皮膚引起不良症狀的人，如果使用類固醇軟膏當底層時，也有反而情況愈來愈嚴重的例子，所以在使用荷爾蒙劑或抗性物質的乳霜和軟膏時必須格外小心。最好是請教皮膚科專門醫師，並接受其指導來使用。

此外，古舊的化妝品可能會引起化學變化，所以不要使用。而且身體不舒服的時候，儘量避免化妝。

第6章 季節的變化與肌膚的保養

春天的肌膚保養

●季節的特徵

春天是個容易起風的季節，所以灰塵很容易附著在皮膚之上。

春天的陽光雖然很溫和，但紫外線卻出奇的多，這點在前面已跟各位提過了。

氣溫上升，皮膚的新陳代謝也變得活潑。汗及皮脂的分泌量也比冬天來得多。

荷爾蒙的分泌也跟著旺盛起來，可使皮膚出現濕潤和光澤。但是相對的，也容易長出青春痘和面疱。

春天甚至可以說是一年之中最易引起皮膚過敏的季節。

不光是臉部，連身體其他部位也容易敏感而引起濕疹、斑疹。

●肌膚的保養

春天容易覆蓋灰塵，再加上皮脂腺的活躍，更造成皮膚的容易污染。因此首先必須注意洗臉的功夫。

否則置之不理，任其受污染的話，就會長青春痘或面疱。

每天至少使用洗面皂或其他洗臉專用化妝品來洗三次臉。

爲了使皮脂的分泌量維持正常，按摩臉部肌膚也是不可或缺的功夫。

因爲按摩可以促進皮膚的血液循環，進而促進新陳代謝。

透過皮脂和汗的分泌量的增加，可以把皮膚裡一些堆積良久的老舊廢棄物漸漸排出體外，而阻塞毛孔的髒物也得以清除。

每天進行臉部按摩，效果非凡。最好是在洗完澡後按摩。特別要提醒大家的一點是，如果不是在清洗乾淨後才進行按摩的工作，那麼殘留在皮膚表面的污垢反而會因爲按摩的關係而被壓入毛孔裡。按摩時可輔以沒有刺激性的面霜，並且從臉中心向外，沿著肌肉的流向形成一個圓形來按摩。尤其是眼尾、額頭、鼻和口四周圍等容易產生皺紋的地方，

春天灰塵多而且皮
脂腺功能活絡，皮
膚容易髒！
使用適合自己皮膚
的香皂或洗臉用化
妝品，一天洗三次
臉！

按摩的方法

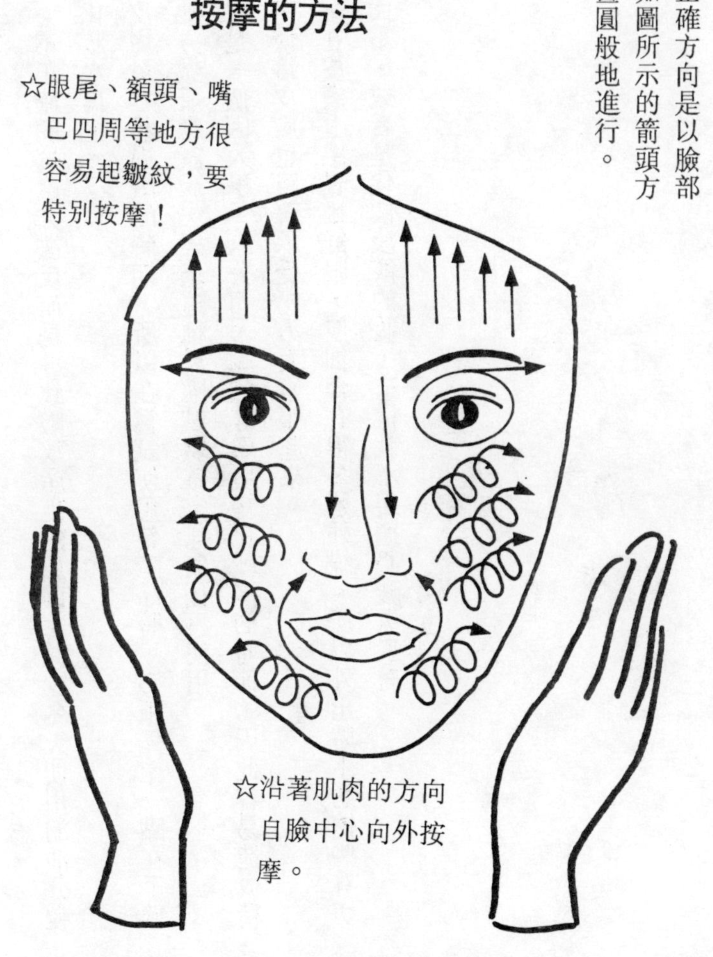
☆按摩的正確方向是以臉部爲中心而如圖所示的箭頭方向，像在畫圓般地進行。
☆眼尾、額頭、嘴巴四周等地方很容易起皺紋，要特別按摩！
☆沿著肌肉的方向自臉中心向外按摩。

更務必仔細按摩。不正確的按摩方法反而是導致皺紋產生的原因。減少冬天使用的油分較多的面霜，而以化妝水爲主。

因爲春天是皮膚最容易過敏的時期，所以在嘗試使用新產品時，必須先塗一點在手臂內側靠近腋下的地方做反應試驗，經過這種反應試驗確定無礙後再使用。

另外，春天也是一個因入學、入公司、調職等環境變化較多的時節，因此容易造成精神上的緊張，連帶使得皮膚也跟著承受壓力而緊張起來。

春天的陽光曬在皮膚上感覺雖舒服，但卻含有很多紫外線。所以外出時不妨擦些有切斷紫外線能力的面霜，或者是化個淡淡的妝，這樣就不用擔心曬黑素膚。

夏天的肌膚保養

●季節的特徵

夏天是皮膚容易變得粗糙的季節。

紫外線直接射擊以及強烈的反射作用，使皮膚容易曬黑，因而引起雀斑、黑斑、蕎麥皮。

曬黑的膚色是一種健康美的表現，這句話只能形容在十來歲的皮膚。過了二十歲，曬黑的皮膚卻是促成肌膚老化的元凶了。

外出時塗些防曬面霜就可以，問題是不能持續一整天。因爲幾乎所有的防曬面霜，只能維持一、二個小時的功效而已。

所以必須提醒自己注意一下，每經過一、二個小時以後，就擦掉之前所擦的防曬霜，重新再擦上新的防曬霜。

至於汗的分泌，則是一年四季當中最旺盛的時節。故皮膚很容易因爲汗腺分泌出汗的鹽分之故，而弄髒皮膚、傷害皮膚。

而且汗一出多，皮膚就從弱酸性轉變成鹼性，因此細菌很容易大量繁殖。

出汗之後可拍打些酸性化妝水，以防止皮膚傾向於鹼性。所以炎熱的夏天出門時，最好隨時攜帶。

汗水極易破壞臉上的妝，所以夏天是個傷腦筋的季節。但如果爲了防止化妝脫落而故意把妝化得很濃厚，這對皮膚健康有不良影響。

化妝時可塗些薄薄的底層化妝品，每過一段時候拍打些撲粉，以防止化妝掉落。

夏天因爲吃太多冰冷的東西，致使胃腸的功能大大減低。所以容易引起皮膚粗糙，這點必須注意。

長時間暴露在冷氣房裡，不僅身體狀況容易受干擾，皮膚也容易乾燥。所以要注意不使皮膚乾燥才好。

非必要時，儘量少在冷氣房裡，這對皮膚的健康有益。

飲食上必須注意多攝取維生素和礦物質。

吹冷氣容易破壞身體狀態，皮膚也容易變乾燥。不是非吹冷氣不可時，儘量別置身在冷氣房裡。
攝取大量的維他命和礦物質。

總而言之，身體狀況不佳時，皮膚不是變得粗糙了，就是長青春痘、面皰。所以睡眠充足、生活規律是很基本的保養重點。

●肌膚的保養

首先是防止紫外線的照射。

無可避免的日曬之後，要好好洗臉並把汗洗乾淨，然後再抹些保濕的化妝水或美白霜，以防止皮膚的乾燥。

因灼熱而產生刺痛時，可用冷水沖洗。

汗裡含有鹽分，這是導致皮膚粗糙的因素，所以必須儘快清除。出過汗後要趕快淋浴或泡澡。洗臉或按摩要不徐不緩、切實做好，以免皮膚的疲憊殘留到隔天。

夏天胃腸的功能會減弱，應儘量不要吃冰冷的食物及喝冰冷的飲料，免得胃腸變冷。另外要攝取豐富的維生素及礦物質，以免引起體力衰弱。這些都是維持皮膚健康的重要事項。

※詳細情形請參照書後附錄「每天適量的按摩可以提高新陳代謝機能」。

秋天的肌膚保養

●季節的特徵

秋天最重要的工作就是及早恢復夏天疲累過度的皮膚。

秋天的紫外線特別強烈，而且因爲空氣雲層較少、天氣很晴朗，因此滲透性更高。平日要儘量避免陽光的照射，以防止皮膚曬黑。

秋天皮膚新陳代謝的能力降低，所以同樣是日曬卻不容易消除。加上空氣更爲乾燥，皮膚的汗腺和皮脂腺的作用遠比夏天衰退許多，所以皮膚自然就容易乾燥。

夏天時候適合使用酸性化妝品，因爲大量出汗使皮膚傾向於鹼性。可是到了秋天，則應該慢慢改用中性的化妝品。

秋天皮膚全體的機能愈來愈低下，皮膚本來就比較粗糙的人，更是容易引起嚴重的皮膚粗糙。因此，在這個時節，更不可忽略皮膚的保養功夫。

●肌膚的保養

爲了使夏天疲憊的肌膚及早恢復元氣，不妨經常按摩臉部肌膚，再利用一些防止皮膚衰老的美容混合材料和面霜，使皮膚恢復正常的狀態。

乾性皮膚的人，必須使用具有保濕性的化妝品來補充水分，再加上適當的油分，可以防止水分流失。

秋天是食慾增加的時期，儘量吃些青菜、海藻、小魚等含有大量維生素以及礦物質的食物，這樣才能保有健康美麗的肌膚。

冬天的肌膚保養

●季節的特徵

冬天對皮膚來說是個刺激特別多的季節。

空氣既乾燥、氣溫又低，皮膚無可避免地會受到冰寒的北風吹襲。

室內雖有暖氣設備可防止寒冷空氣刺激皮膚，但使用暖氣的空間裡，反而會使皮膚變得更乾燥。皮膚暴露在暖氣房裡時，皮膚裡的水分很容易從皮膚表面蒸發掉。

況且，冬天也是汗腺及皮脂腺最不活潑的時期，所以皮脂膜的形成能力減弱，皮膚很容易粗糙。

加上新陳代謝的機能也衰退，造成角質變厚、皮膚變硬。

因此，冬天是個皮膚容易粗糙皸裂和產生小皺紋的季節。

連嘴唇都乾燥得皸裂，還有手腳的乾燥、粗糙，皸裂的現象也十分明顯。

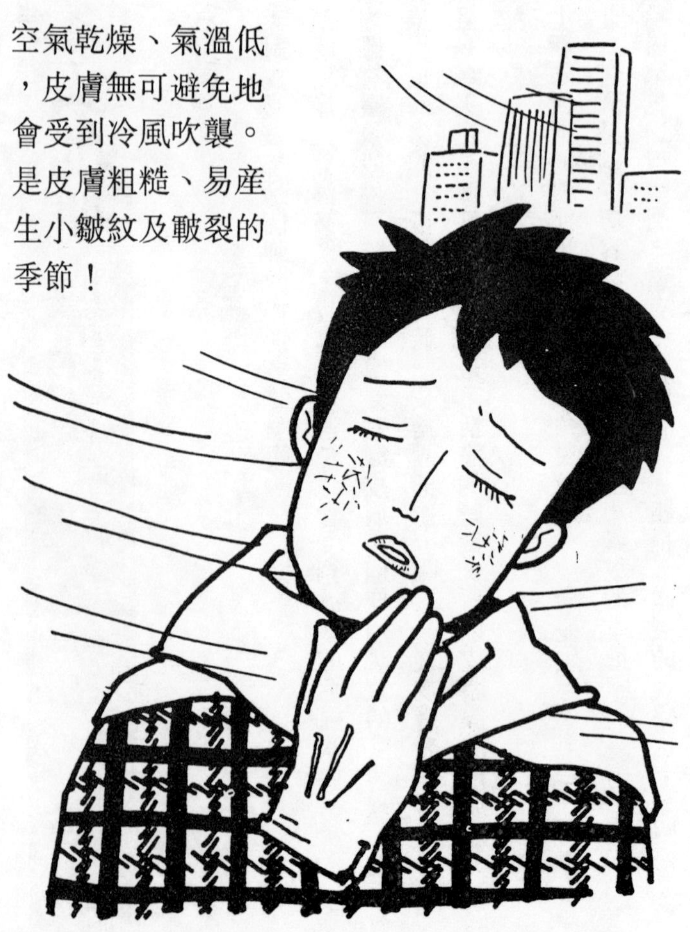

冬天的皮膚受到的刺激特別多，真可憐
！

不要因爲天氣寒冷而懶得洗臉，反而更要勤快地洗臉！

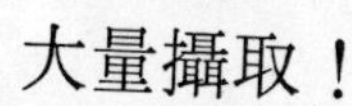

手和腳的部份
也要好好地按摩！

寒冷刺激到皮膚，使皮膚呈現出一副疲憊的樣子。爲了消除皮膚明顯的疲憊，肌膚保養是十分必要的。

●肌膚的保養

冬天血液循環不良、新陳代謝能力衰退。爲了使其活躍運作，必須充分地做肌膚按摩。人們常常會因爲天氣太冷而不洗臉，這是不正確的。因爲防止皮膚粗糙最根本的保養工作，就是溫和地洗臉。

洗完臉之後，不忘抹些有保濕功能的保濕化妝水、乳液、面霜等，以充分補充角質層流失的水分。

寒冬外出時，不要忘記化妝，以保護皮膚不受寒風直接的刺激。

適當的運動可以促進全身的新陳代謝。此外，洗臉也具有活潑新陳代謝的作用。

可以吃些有營養又可暖身的食物，促進全身的血液循環。

注意別讓手腳因凍裂傷而形成皮膚皸裂的現象，必須經常按摩皮膚，並且從食物中攝取足夠的維生素A、E等。

第7章

從日常生活中美化肌膚

有規則的均衡飲食

●內臟健康很重要

皮膚被形容是一面反映內臟的鏡子，由此可知，內臟如果不健康，再如何地保養肌膚，也不可能擁有漂亮的皮膚。

皮膚的好壞與胃腸和肝臟的機能特別有關係。當胃腸的功能不健全時，就不能給予皮膚所需的營養素。

而肝臟具有解毒、貯藏營養等重要功能。一旦肝功能失常，青春痘、面疱、雀斑等就會長出來。

爲了使胃腸和肝臟的功能活躍、健全，最重要的是有規則的均衡飲食。

一味地吃肉或吃飯等，都會造成營養素不均衡。營養不均衡，內臟的功能就不會健全。

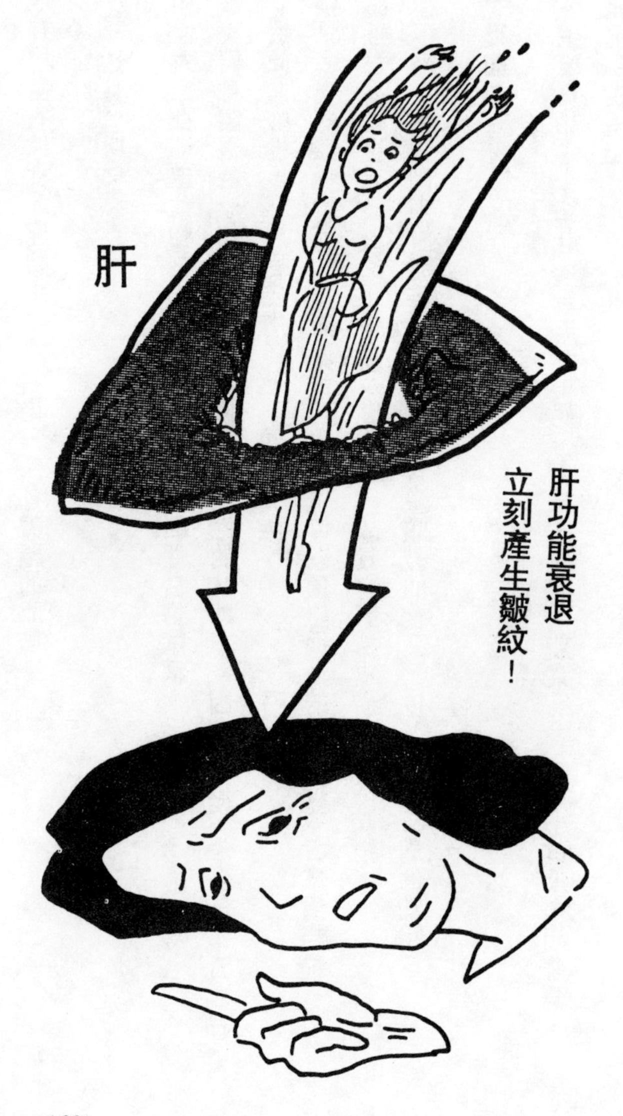
肝
肝功能衰退
立刻產生皺紋！

唯有均衡的飲食才能防止身體老化，保有美麗的肌膚。

●何謂均衡的飲食

相信大家都知道食物當中，有酸性食品和鹼性食物兩種。當我們身體很健康的時候，是保持在弱鹼性的狀態下。因此，攝取過多的酸性食品，會使血液傾向酸性，形成對皮膚各種不同的刺激。

儘量多吃些鹼性食品，皮膚才會健康，也可以預防惱人的青春痘或者皮膚粗糙。鹼性食品裡含有豐富的維他命及礦物質，故具有維持皮膚健康的功能。

接下來，讓我們來看看維他命及鈣質含量頗豐的食品，以及其對皮膚的功用。

▽維他命A

• 主要食品——豬肝、蛋白、牛奶、南瓜、油菜、菠菜、香菇、小黄瓜、胡蘿蔔。

• 主要功用

①製造皮膚的表皮細胞。

②促進汗及脂肪的分泌。

③强化對細菌等的抵抗力。

④缺乏時是形成青春痘、小皺紋、皮膚粗糙的原因。

▽**維他命**B$_1$

・主要食品——鹹鱈魚子、鹹鮭魚子、菠菜、油菜、小黃瓜、青椒、韭菜。

・主要功用

①暢通血路。

②增加胃腸功能。

③缺乏時會造成胃腸功能不健全、悸動、氣喘、手腳麻痺的感覺、浮腫、青春痘、皮膚粗糙。

▽**維他命**B$_2$

・主要食品——牛奶、芹菜、牛肝、豬肝、小黃瓜、青椒、大豆。

•主要功用

①美麗眼睛。

②新陳代謝旺盛、血液循環良好。

③缺乏時會發生口角炎、舌炎、唇炎、角膜炎。

▽**維他命C**

•主要食品——小黃瓜、葡萄、高麗菜、檸檬、草莓、橘子、馬鈴薯、青椒、油菜、番茄。

•主要功用

①防止色素沈澱。

②漂白皮膚、淡化雀斑、蕎麥皮。

③促進血路流通、使皮膚有光澤、平滑。

④因荷爾蒙分泌旺盛，使皮膚有潤澤、彈性。

⑤因可加强肝臟的解毒作用，對蕁麻疹、皮膚過敏症很有幫助。

▽鈣質

・主要食品——小魚、芝麻。

・主要功用

①防止發炎。

②有鎮靜作用。

③强硬牙齒、骨骼。

▽碘

・主要食品——海藻類。

・主要功用

①使頭髮烏黑亮麗。

以上是主要的鹼性食品及其功用。

接著，介紹酸性食品。

▽雞蛋、鰻魚

•主要功用——攝取過度對健康不好，適當的量可增加皮膚水分和柔軟性，對防止肌膚老化功能很大。

▽酒、砂糖、巧克力、米、麵類（醣質）

•主要功用——增加體內水分、降低抵抗力、極易引起皮膚障礙。

▽花生、乳酪、奶油（脂肪）

•主要功用——可使皮膚產生光澤、滑溜、有彈性。但攝取過量是引起肥胖的主因

●對人體十分重要的蛋白質

認爲鹼性食品對身體有益而光吃青菜，那是不能擁有一副健康的身體的。

蛋白質、醣類和脂肪是所謂的三大營養。如果不能均衡攝取這三大營養素，我們身體

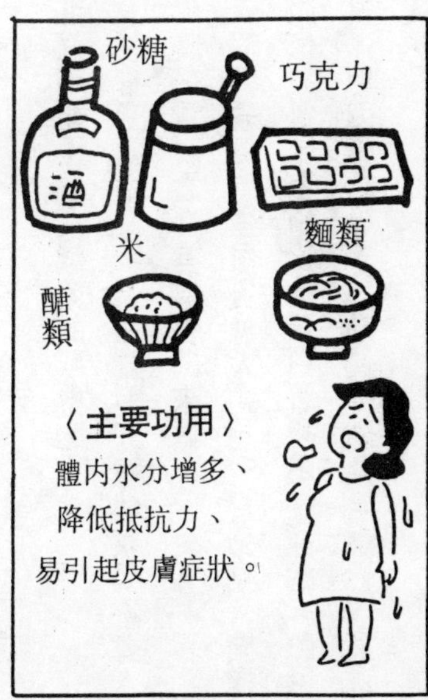
砂糖
巧克力
酒
麵類
米
醣類
〈主要功用〉
體內水分增多、
降低抵抗力、
易引起皮膚症狀。

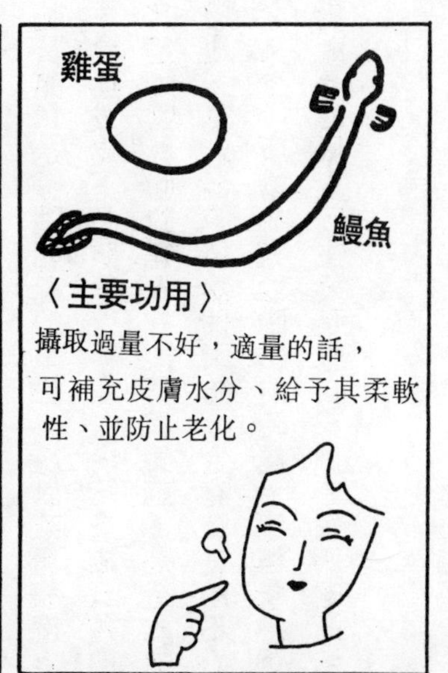
雞蛋
鰻魚
〈主要功用〉
攝取過量不好，適量的話，
可補充皮膚水分、給予其柔軟
性、並防止老化。

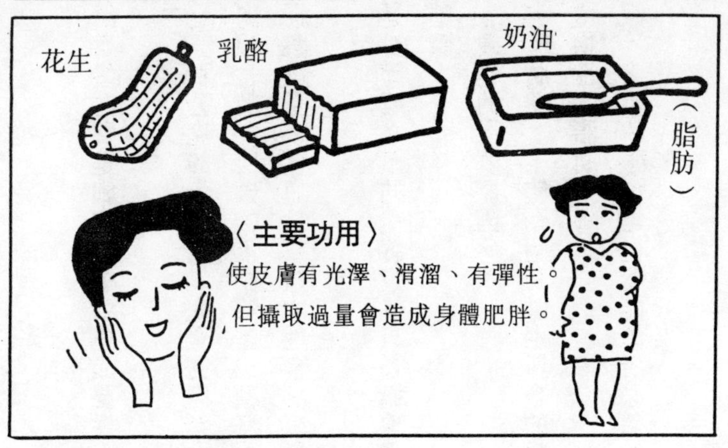
花生
乳酪
奶油
（脂肪）
〈主要功用〉
使皮膚有光澤、滑溜、有彈性。
但攝取過量會造成身體肥胖。

的細胞也就不能維持在健康的狀態之中。

三大營養素當中又以蛋白質對人體健康最重要。因爲蛋白質是細胞的主要構成要素，而且是皮膚很重要之骨有機質的來源。

大人每天需要的蛋白質量大約是一百公克。同樣是一百公克的蛋白質，完全從肉類食品攝取而來的質，和植物性蛋白質是不一樣的。雖然肉類食品中所含的蛋白質是一種良質的蛋白質，但因脂肪過多，易使身體傾向酸性，所以應該儘量多從魚類或植物性食品來攝取蛋白質。

脂肪及醣類是身體能源的來源，所以某種程度上是身體所必須的營養素。只是攝取過量的話，會形成皮下脂肪而儲存在體內，造成日後的肥胖。

、尤其是動物性脂肪裡含有大量膽固醇，是造成動脈硬化的主要原因。

相反地，芝麻油等植物性脂肪，含有豐富的不飽和脂肪酸。不飽和脂肪酸中所含的膽固醇少之又少，所以在攝取脂肪的時候，應儘量挑選植物性的脂肪。

至於醣類的攝取，主要是來自我們三餐所吃的米飯。適量的醣類是身體能源所必須的來源。

蛋白質對人體很重要、儘量攝取魚類或植物性蛋白。
脂肪和醣類的攝取要適量，攝取過量會導致身體肥胖。

但是一旦攝取過量時，皮下脂肪就會增加，身體就容易變得很肥胖。所以這點必須注意。

●重新考量生菜沙拉

有不少人認爲鹼性食品吃多了不會發胖，所以把生菜沙拉視爲萬能的食物。事實上，這種觀念必須糾正過來。

生菜沙拉裡所用的黃綠色蔬菜確實含有維他命C等各種豐富的維他命類，對治療便秘及皮膚都很好，但是如果生吃太多青菜容易造成手腳冰冷，使皮膚失去原有的光澤。

生菜沙拉中的芹菜、荷蘭芹菜等青菜，含有對紫外線易起反應的光毒性，所以如果連續吃很多時，體質會改變，變得對陽光很敏感，很容易起反應，這樣一來就容易產生雀斑、黑斑、皺紋。

其他的食物中也有類似這種副作用的情形，但是總歸一句話，均衡的飲食是健康的重要因素，而不是光吃某些食物就可以了。

在此想建議各位，如果要攝取蔬菜的纖維，最好是吃些燉熬的青菜，火鍋煮的青菜，或是用水炒的青菜。

●可使肌膚美麗的維他命、礦物質

可使肌膚美麗的維他命和礦物質中，特別需要增加的是維他命C、E及鈣質。

想使粗糙的皮膚獲得重生，就必須攝取充分的維他命C和蛋白質。

而且維他命C可以抑制麥拉寧黑色素的產生，甚至已產生黑色素的情況，也可以使其還原，具有使皮膚潔白的功用，並保護皮膚不生雀斑、黑斑、皺紋。更重要的一點是，維他命C攝取過量也不會有副作用。

在這之前都認爲肥胖是因爲營養過剩導致，可是現在出現一些持有不同看法的學者，他們認爲肥胖真正的原因，乃是因爲營養分「缺乏」，造成細胞的功能減弱，致使脂肪大量堆積。

維他命C是一種經常不夠的維他命，所以只要能夠大量攝取維他命C，便可防止肥胖症、抑制老化、預防雀斑、皺紋的產生。

維他命E則含於黃綠色蔬菜、胚芽米、豆類、豬肝等食物裡。衆所皆知，維他命E可以防止老化。當維他命E不足時，會引起皮膚皸裂。黃綠色蔬菜及小魚（乾）裡都含有豐富的鈣質，可以防止過敏性皮膚炎的情形，對增進皮膚健康扮演著很重要的角色。

●保持肌膚美麗的飲食重點

相信現在各位已經知道均衡地攝取三大營養素的重要性了，而且也知道隨時提醒自己多吃含有豐富維他命及礦物質的食品。

接著列舉幾點必須切實遵守的飲食重點。

①一天三餐要正常

時下很多年輕人，因爲早上太匆忙，或想減肥而不吃早餐，此乃健康之大忌。唯有三餐正常，才能擁有健康。

怕胖的人不妨早餐吃豐富一點，而晚餐量少一點。

②吃八分飽

有些人非得吃得很飽才肯罷休，這對健康並非好現象。只要胃袋習慣了，即使食量不

可使皮膚漂亮的維他命C、蛋白質。

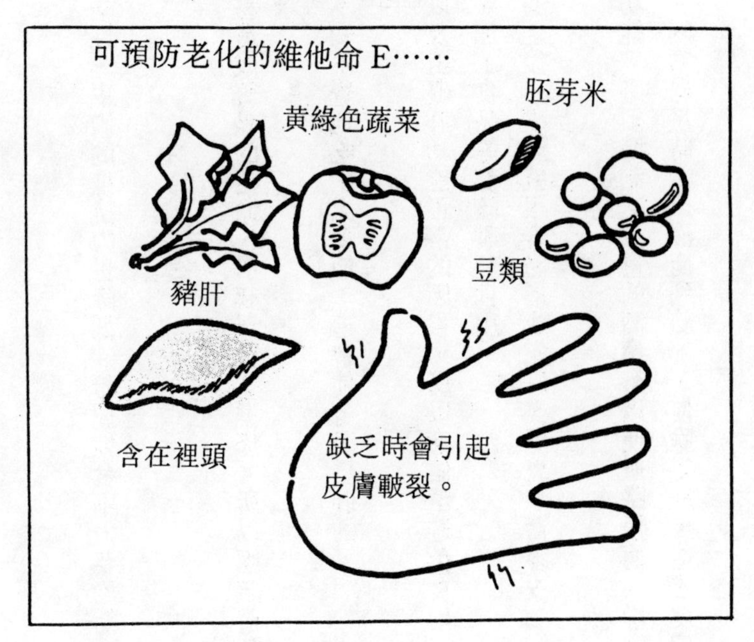

多也可以感覺到飽。

尤其是正餐吃太多時，身體傾向酸性，皮膚的抵抗力也降低。希望飲食不但要均衡，而且每餐只吃八分飽。

③料理的口味要清淡

太鹹的食物會引起高血壓，也容易造成腎臟的負擔，引起浮腫、濕疹。所以應該避免攝取太多鹽分。

而且口味重的料理很下飯，容易不知不覺地吃了太多飯，這會使身體發胖的。

④不要食用含有食品添加物的東西

很多食品添加物中含有致癌物質以及阻礙肝功能正常的因素，所以應儘量避免食用。凡是速食食品、顏色強烈的東西、加工食品等都該避免食用。

另外值得再提的是，內臟功能衰弱之後，皮膚就很容易形成雀斑、黑斑、蕎麥皮。

⑤不良的飲食嗜好要節制

咖啡、香煙、酒精等都會降低肝功能，必須節制。少量的酒精可以使血路暢通、增進食慾，可是飲用過量卻有害身體健康。喝酒過量時，血液衝到臉部，使臉變紅，造成皮膚乾燥的狀態。甚至喝醉酒而沒卸妝就上床睡覺，這對皮膚造成莫大的負擔。

香煙裡含有尼古丁、溚（tar）、一氧化碳素，會導致肺癌和其他癌症，也容易引起心臟病。另一方面也是使皮膚粗糙的兇手。

因爲尼古丁進入人體後，會使運送養分到皮膚去的毛細血管收縮，因而阻礙新陳代謝、形成皮膚粗糙、產生皺紋、雀斑、黑斑等。

至於溚和一氧化碳素也是降低新陳代謝功能，會引起皮膚粗糙。

咖啡或紅茶對皮膚也會產生不良的影響，必須要注意。咖啡或紅茶裡所含的咖啡因會刺激中樞神經和心臟，使人變得很興奮。這種興奮作用會擴張毛細血管，也會促進麥拉寧黑色素的作用，因而產生雀斑、黑斑、增加皺紋。

享受洗澡的快樂

●擁有美麗肌膚不可缺少的條件

想必有人會認爲，居然連洗澡也值得特別一提。希望有這種想法的人能改變一下觀念。

其實，洗澡並不單指清潔皮膚而已，它還可以打通血路、提高新陳代謝能力，對內臟也很有幫助。

而且如果泡在浴盆裡，水分可以補給到角質裡，等出浴後皮膚會變得很濕潤。這點相信大家都很清楚。

其次，洗澡能鬆弛緊張的心情，對於消除身心的疲勞功用很大。

爲了消除緊張的心情，不妨泡溫水澡，將有意想不到的效果。

如果希望隔天早上很舒服地醒來，則不妨泡個熱水澡。但時間不必太久。

●清洗身體

先在澡盆裡把身體泡熱，然後大略地刷洗全身。第二次浸泡起來後再徹底清洗身體各部位。這時的洗法是從遠離心臟的地方，像在畫圓一般地洗滌。洗澡用的香皂最好使用一種叫做「紫草根香皂」的東西，再配上特殊的刷子來洗。這樣子可以刺激穴道、排除老舊廢棄物、促進血路通暢，身體變得很有生氣。之後再抹些棕梠油、進行油壓，保證皮膚光滑柔嫩，而且洗完澡後不會覺得寒冷。

可用刷子或絲瓜來去除手肘、膝蓋、腳後跟等地方已角質化的皮膚。一邊洗澡、一邊按摩，可以促進血路暢通。這是美容養顏不可或缺的方法。

洗澡可以使皮膚不易產生雀斑、皺紋，使整個身體變得很有活力，所以全身的皮膚也會很健康。因此希望各位每天要洗一次澡。

睡眠要充足

●睡眠不足是皮膚粗糙的根源

之前已經叙述過了，我們的身體有一定的生理節奏。

相信很多人都有過這種經驗，就是睡眠不足時，皮膚馬上反映出來。

皮膚利用人在睡覺的時候、接受營養的補給、以消除疲勞、恢復元氣。

可是在没有黑夜的大都會裡，一些車站周圍的繁華場所，到了三更半夜仍舊川流不息，而且熙攘往來的人潮當中，有很多是女性的夜貓族。

大都會的人好像忘了人是大自然的一部份這件事。

自古以來，生存於大自然規律中的生物，都是過著日出而作，日落而息的生活。

我們人類的身體也是這樣形成的，同樣的道理，皮膚是身體是的一部份，自然也不能例外呀！

皮膚的新陳代謝是以二十八天爲一循環，每一次循環就會產生新皮膚，新舊細胞的交替便如此反覆進行者。

●晚上十點到半夜三點是重要時段

皮膚的代謝是在晚上十點到半夜三點這段時間進行的，而且必須在睡眠中才能進行皮膚的新陳代謝。

白天和不睡覺的時候，這個功能會減弱，只有在睡眠狀態下的這段時間才活絡進行新陳代謝，這真是一種令人不可思議的制度啊！

半夜睡覺時會出汗的原因，是因爲皮膚的代謝作用趨於活躍之故。

所以，熬夜會阻礙皮膚的新陳代謝，造成皮膚的老化。

而且代謝作用最旺盛的時間是在午夜一點左右。因此，再晚也要在十二點就寢，好讓身體能夠在午夜一點時進入睡眠狀態。這對皮膚的健康十分重要。

別忘了一件事，早睡早起的生活習慣是擁有美麗肌膚的第一步。

消除緊張

●青春痘、面疱的原因

在現代繁忙的工商社會裡，幾乎可以說沒有一個人不緊張的。這種緊張的心情，事實上是皮膚的大敵。

緊張會影響血液正常的循環，使皮膚變得粗糙乾燥。而且，自律神經功能陡降，促使皮脂的分泌旺盛，於是青春痘或面疱就冒出來，也容易產生雀斑、黑斑、皺紋。

由緊張所引起的不安、不滿、煩躁等現象，會充分反映在皮膚上面。

所以必須儘量杜絕情緒緊張、保持心靈平靜、放鬆心情。除此之外別無他法。

聽聽音樂、畫畫圖等都可以紓解緊張的情緒，使人心曠神怡。

●自律訓練法

消除緊張有一種叫做自律訓練法，或者自我暗示法的精神治療方法。只要各位能學起來跟著做，相信對消除緊張有很大幫助，所以特別介紹給大家。這是由白隱禪師傳授下來的訓練方法，名叫內觀法。

簡單地說，就是一面睡覺，一面深呼吸，從身體的中心部份到手腳的尖端，力量都除去。

①儘可能穿著寬鬆舒適的衣服睡覺，把皮帶等纏身的東西解掉，睡姿是臉朝上。

②兩手和兩腳張開成大字型，輕輕閉上眼睛。

③身體上的力量從中心到外放鬆，保持輕鬆狀態。

首先當心臟安靜下來時，內臟也就跟著鬆弛下來。接著放掉肩或腰的關節力量，然後是手肘、膝蓋、手腕、腳踝、手指、腳趾等處之關節的力量也除去、筋疲力盡地頹然躺在榻榻米上或棉被上。

④當全身力量都放掉、呈現輕鬆狀態時，再心平氣和地用鼻子吸氣、吸入氣後保持暫停片刻，然後再慢慢地從嘴巴把氣吐出。

這樣的動作請持續十分鐘。

因爲情緒緊張而造成身心疲勞時，皮膚的健康也會大受影響。這時候不妨試試這套內觀法。一天做幾次，保證能使心情穩定下來，疲勞也得以消除，肌膚也會變得更漂亮。

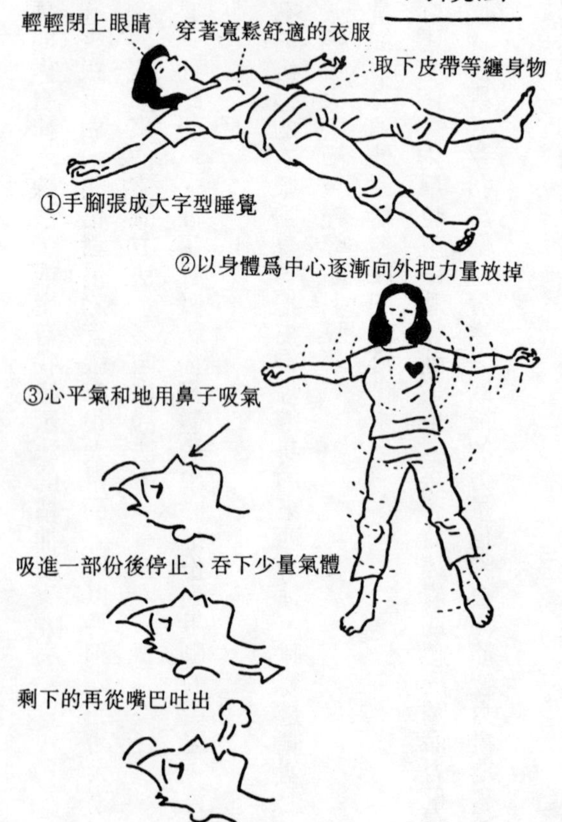

感謝狀〈愛用者迴響〉

美妙的邂逅

——試用敏感用的肌膚保養系列產品——

敏感肌膚、過敏性皮膚炎、乾性皮膚的人一定不可錯過

津村敬子（藥劑師）

這套秀伊娜敏感用肌膚保養系列，使用之後可以說是從未有過的美容效果。

首先，效果令我吃驚的是秀伊娜清潔油。在臉部塗抹一圈一圈的清潔油時，臉上的妝漸漸被溶解，然後再用溫水沖洗之後，便把化的妝徹底地洗乾淨。

實在難以令人相信了，於是又用橄欖原油再清潔一次看看。因爲我一直有個習慣，卸完妝之後，再用原油清潔臉部。

想不到結果更令人吃驚。我發現卸妝棉上不沾半點底層化妝品。「爲什麼？」真是太不可思議了。即使早上只用清潔油來清洗，皮膚也會變得清爽、濕潤。這樣子的嘗試結果，讓我確信舉凡過敏性皮膚炎、敏感肌膚和乾性皮膚的人，皆可安心使用。

敏感用基本營養霜和敏感用乳霜，兩者合併使用的效果更好。這樣可使皮膚覆蓋在清爽濕潤的狀態之下。

我也用過敏感用密集凝膠。每天早晚各塗一次在容易産生小皺紋的部位。雖然曾想把這個敏感用密集凝膠使用在美容混合材料之下看看。卻萬萬没想到它可以充當化妝底層和面霜。

這些敏感用的乳霜和密集凝膠所用的容器是前所未見的，使用時更能給人一種良好的觸感。

此外希望各位一定要知道一件事，那就是敏感用的日霜和晚霜所裝盛的容器都是安全性高，且使用容易的容器。取用面霜時，只要把容器朝下，取用完之後馬上把蓋子蓋緊……。這樣一點也不麻煩。需要多少，慢慢壓多少，容器裡的面霜是不會變質的。把內容和容器想成一體化，我該不是第一個人吧！

很不好意思，前幾天上美容院的時候，被人稱讚頭髮很漂亮，而且皮膚很好，都没皺紋。他們說「真看不出快要五十歲了」。

自從邂逅了原油，十年來我的皮膚完全改變了。而今在邁入五十歲的當兒，又親身體驗秀伊娜美容製品的奇妙效果，真是三生有幸呀！

從現在到六十歲時的十年當中，打算把原油和這套秀伊娜敏感用肌膚保養系列的美容製品混合使用，讓這套產品來照顧我的皮膚。

對我來講，這是頭一次使用到能持續保持皮膚清爽的美容產品。相信這封信是敏感肌膚、過敏性皮膚炎、乾性皮膚的人「一大福音」也。

一套六種都使用也可，只用單品亦可，把它和現今持有的化妝品一起使用，保證妳將一點一滴地發現它的美容神效。（一九九〇年九月）

被推薦使用採用生物學原理製造而成的秀伊娜敏感用系列產品

泉　美貴子

我的皮膚是屬於乾性敏感型的皮膚。最近開始特別注意有沒有什麼防止皮膚老化、預防皺紋的方法。這時候有人建議我使用秀伊娜敏感用系列產品，它可以滿足我的需要，於是，我便半信半疑地開始使用這套美容製品。因爲它是一種市面上沒見過的新型化妝品，所以剛開始使用時心裡有點猶豫。一旦了解使用要領之後，使用起來相當方便，可縮短早上化妝的時間。使用一段時間後，赫然發覺自己的皮膚不但有光澤、有彈性，而且經常很清爽、很滑溜柔嫩。

一邊以敏感用清潔油輕輕按摩臉部肌膚，一邊清除化妝或污垢，出乎意料的清潔作用叫人又驚又喜。之後再用清水輕輕沖洗，皮膚立刻出現「光澤、濕潤」。最叫人高興的是使用方法簡單、方便。另外更值得一提的是，敏感用基本營養霜和敏感用乳霜合併使用的效果真是驚人。兩者混合使用可以滋潤乾性的皮膚，特別適用於眼尾、小皺紋多的部位。這樣的美容效果已讓我心滿意足了。這種美妙的觸感，對我而言是第一次的經驗。敏感用晚霜的容器使用上更是方便，叫人安心且省事，這不愧是德國製品。

使用後的感覺可以說很滿意。而且很多女孩子看到我臉上閃閃發光的光澤，都異口同聲地問：「你是使用什麼化妝品啊？」

在這之前也用過很多種化妝品，但這是第一種能令我滿意的肌膚保養品。

最後想向各位報告一個令人不可思議的美容結果，晚上使用適量的清潔油，薄薄地塗在臉上，再摻雜二、三滴水後，輕輕地按摩，如此一來，臉上的污垢即可徹底清潔乾淨。早上也是同樣的方法來使用，只不過早上的使用量只需一點點即可。

不論年紀多大，也希望保有美麗的肌膚

橋　百子

相信不管幾歲都希望自己很漂亮，是所有女性共同的願望。

而且一定有很多像我這一輩出生在昭和?年的人，正在爲皮膚的老化、皺紋、雀斑而傷透腦筋。

我本身的皮膚也是屬於敏感型的，截至目前爲止也曾使用過許多種不同的化妝品，但是卻沒有一種令我滿意的。

今年起開始使用畢業於藥學系的女兒所推薦的無添加物，德國秀伊娜敏感用系列製品。用了幾天之後，皮膚變得很有水分，好像還老返童一般，而且小皺紋也不見了，全部的皮膚都很有光澤。左鄰右舍的太太都跟我說「看起來像?歲一樣年輕」，真叫我高興得不得了。

以前的我心情很低落，很不喜歡與人接觸，可是現在卻完全不一樣了，我每天變得很快樂。這對我來說比精神安定劑更有著神奇的效果。

敏感用營養霜以及敏感用乳霜兩者合併一起使用，很適合自己的皮膚狀態，所以美容效果更大。至於敏感用晚霜也有一種很奇妙的使用效果，可以使隔天早上的皮膚摸起來感覺很棒。還有，它那舉世無雙的獨特容器更叫人吃驚。

因爲身邊很多人爲敏感肌膚困擾不已，在此介紹這套秀伊娜敏感系列製品，希望各位不要錯過。

喜相逢

原口絹枝

打從少女時代起，對肌膚的保養比一般的人更努力，没想到如今竟然整個臉滿佈小皺紋，一副老態龍鍾的樣子。有時候會想是不是因爲更年期的關係……。再加上自己天生的敏感型肌膚，曾幾何時肌膚的老化不聲不響地來到。前幾天慶祝生日時，當藥劑師的女兒送我德國製的秀伊娜敏感用肌膚保養系列六種……。

一回想起二年前被再發性的臉部皮膚炎所困擾時，原因無非是使用不習慣的面霜而引起的，所以心猶餘悸，不敢貿然接受女兒的好意，躊躇了兩、三天。直到再度接到充滿自信的女兒電話之後，當天晚上洗澡時才用敏感用清潔油來洗臉看看。起先有點擔心進口貨及敏感肌膚用的標示，可是想不到化妝很快被溶解，真是嚇了一大跳。

溫和的皮膚感覺之後，用溫水沖洗乾淨，臉上污垢消失得無影無踪，摸起來的感覺舒服無比……。洗完澡以後，遵照女兒的指示，用化妝棉沾些基本營養霜，抹勻整個臉，然後再以同樣方法上乳霜，最後再擦晚霜，然後上床睡覺。第二天早上醒來時……。發現從未有過的經驗，皮膚穩定在一種濕潤的狀態中，這不禁令我會心地一笑。

使用過一個月之後，不禁回想起從前使用化妝品的經過情形。

以前，每次被介紹使用化妝品都很聽話地接受，在這種情況之下使用的二、三種基本化妝品，雖然都没有引起什麽大麻煩，但是共同的一點是都使皮膚有灼熱的不舒服感覺產生。反而這套敏感用系列產品，任取一種來試用也好，都不曾產生任何不舒服的感覺，所以大可放心使用。

最近跳舞教室的朋友總愛跟我開玩笑説：「你最近是不是有什麽喜事呢？」想想對她們有點過意不去，因爲暫時不讓她們知道我使用秀伊娜美容製品的事情，自己都覺得很小氣。

認識秀伊娜是我往後人生的一大良伴，相信它能伴隨我走過以後的歲月，並讓我的美夢不致於破碎。

給臉上有皺紋、皮膚衰老、粗糙的人的一封信

坂本絢子（藥劑師）

任何一個女性，誰都希望皮膚不要老化？為了消除黑斑、雀斑、小皺紋，無所不用其極地下了許多工夫。當然，這也是擁有健康、充實的人生的一大秘訣。

我自己也曾使用多種自然志向的化妝品，但使用的結果，無可否認地與自己的期望還有一大段距離哩！特別是含有人工香料的化妝品，好像不適用在我的皮膚。

我們都知道，健康的皮膚和飲食、生活態度息息相關，但使用良好的化妝品也是很重要的一件事。

然而這套秀伊娜敏感用肌膚保養系列製品，相信可以符合我的想法，滿足我的需要。而且，特別為皺紋、老化、粗糙而苦的人，請務必使用這套產品，因為這是值得為大家所推薦的一種最新的理想自然美容法。

附錄①

利用每天按摩的方法來提高新陳代謝的機能

按摩皮膚可使皮膚有彈性、光澤、平滑細嫩、濕潤。因為按摩可以幫助小血管作用活潑、促進血路暢通。另外，按摩更具有助長美容品順利滲透到皮膚的功能。按摩時臉部先塗上足夠的原油再開始。必須注意的一點是以不過份刺激皮膚原則來按摩。

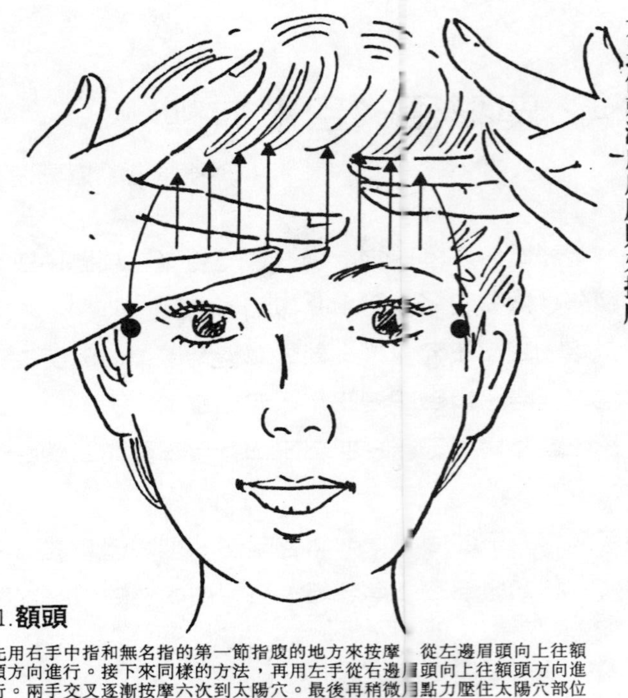

1.額頭

先用右手中指和無名指的第一節指腹的地方來按摩。從左邊眉頭向上往額頭方向進行。接下來同樣的方法，再用左手從右邊眉頭向上往額頭方向進行。兩手交叉逐漸按摩六次到太陽穴。最後再稍微用點力壓住太陽穴部位。左右各一次，然後反覆三次。可消除額頭肌肉的疲勞。

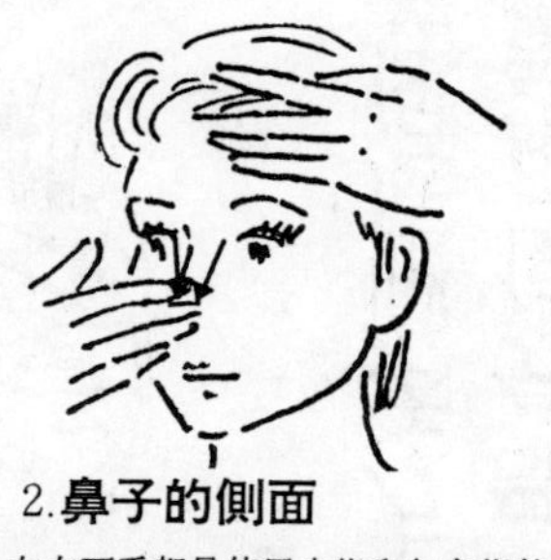

2.鼻子的側面

左右兩手都是使用中指和無名指的第一指腹的地方，左邊的鼻側用右手，而右邊的鼻側用左手，從鼻子上方往鼻尖方向按摩。每回做六次，共做三回。可使鼻筋舒暢、健全皮脂分泌功能。尤其是有配戴眼鏡的人，鼻樑上的重壓與疲勞得以消除。

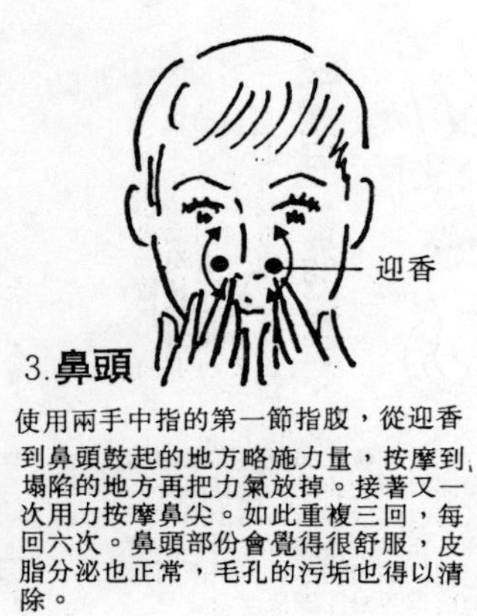

3.鼻頭

使用兩手中指的第一節指腹，從迎香到鼻頭鼓起的地方略施力量，按摩到塌陷的地方再把力氣放掉。接著又一次用力按摩鼻尖。如此重複三回，每回六次。鼻頭部份會覺得很舒服，皮脂分泌也正常，毛孔的污垢也得以清除。

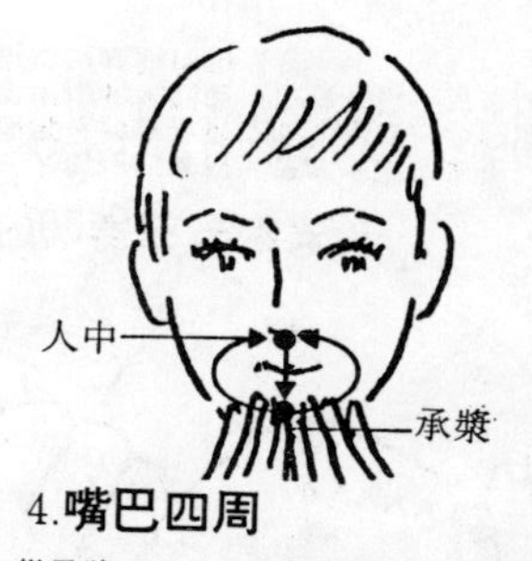

4.嘴巴四周

從承漿到人中，像把整個嘴唇包圍起來似的，提起唇角，由下往上像畫圓般地按摩。嘴唇粗糙的時候，可用手指頭一起按摩起點承漿部位。每回三次，共三回。

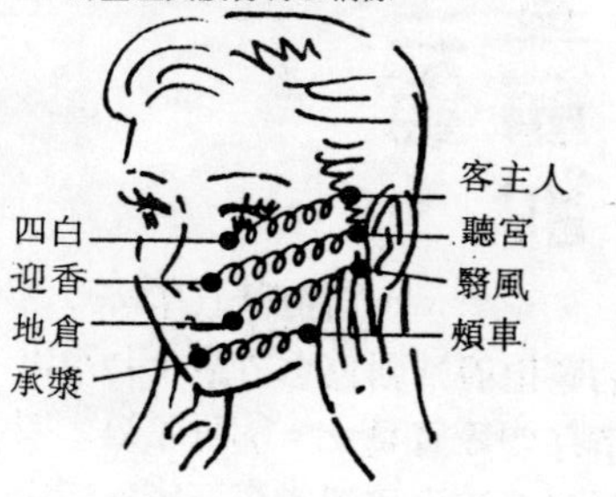

5.臉頰

臉頰分成四個地方。除了中指和無名指的第一節指腹之外，再輕輕加上小指的力量，從承漿到頰車、地倉到翳風、迎香到聽宮，四白到客主人，做螺旋狀的按摩。按摩到輪廓部位時就輕輕的壓一壓。可消除臉頰肌肉的疲勞。

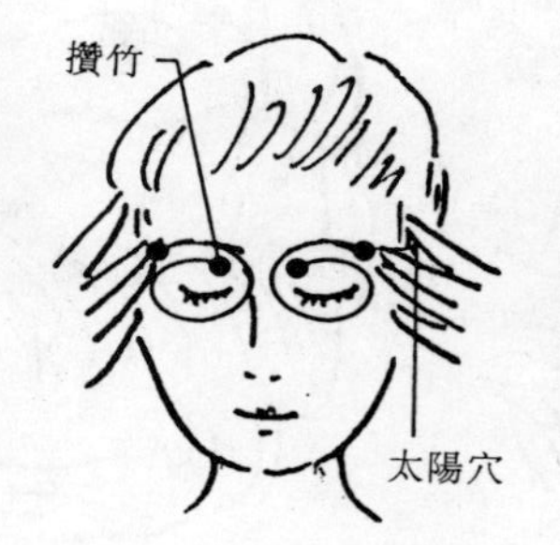

6.眼睛四周

用中指的第一節指腹，稍微用力壓住攢竹地方3秒鐘，然後再用無名指從上眼瞼繞到下眼瞼，最後回到起點攢竹地方。如此反覆做三次以後，手指頭從攢竹移到太陽穴，然後用力壓一壓。可消除眼睛四周肌肉的疲勞。

明顯衰老的部分使用第二、第三按摩方法徹底保養

第二、第三按摩法是緊接在第一按摩法之後進行的。不管是全部方法都使用也好，或是單單徹底使用幾個在意部分的方法也可以。

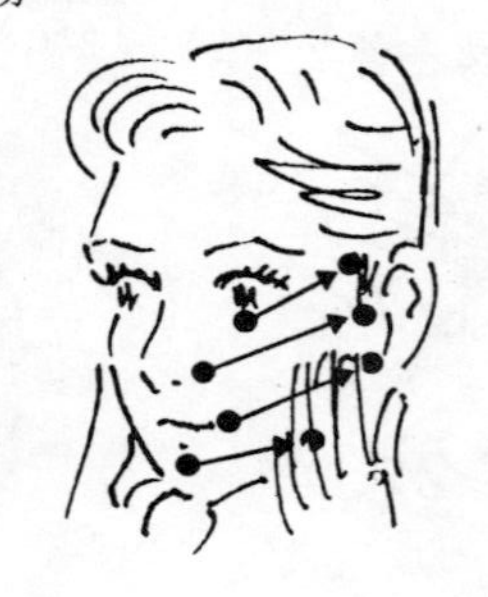

7.額頭的第二按摩法

使用中指和無名指第一節的指腹，右手從左眉頭上移至右額頭與頭髮交接處，左手則從右眉頭上移至左額頭與頭髮交接處，如此左右兩手交叉按摩額頭部份三回，每回六次。可消除眉頭間的皺紋和額頭肌肉的疲勞。

8.臉頰的第二按摩法

用兩手的中指和無名指的第一節指腹，跟第一按摩法一樣，從這個位置移到那個位置。從下而上，拉緊肌肉按摩三次，如此反覆三回。可消除臉頰肌肉的疲勞。

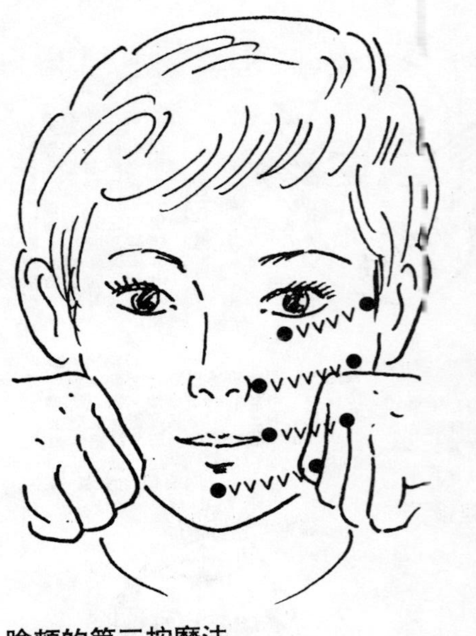

9.臉頰的第三按摩法

用雙手的大拇指和食指來按摩。用大拇指第一關節彎曲部分和食指第二關節彎曲的內側部份把臉頰肌肉挾起來翻動。位置和第一按摩法相同。可消除臉頰肌肉的疲勞。

10. 眼睛四周的第二按摩法

用右手的大拇指和中指的第一節指腹好像要挾住眉骨一般，從攢竹往瞳子髎方向的四個地方，每個地方各按三秒鐘。之後再按眼皮部位，最後又回來剛開始的地方。如此反覆做三次。用於消除眼睛疲勞，上眼瞼的鬆弛、皺紋、老化等。

11. 眼睛四周的第三按摩法

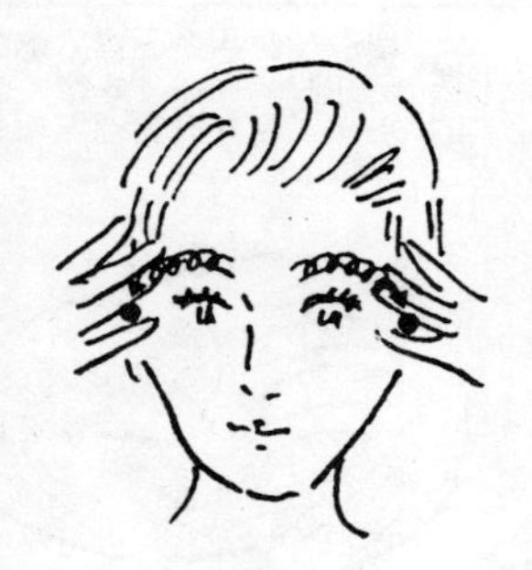

用兩手的中指和無名指，從攢竹經瞳子髎到太陽穴，做螺旋狀的按摩六次。到了太陽穴的地方用力壓一壓。如此反覆做三回。適用於上眼皮下垂或老化。

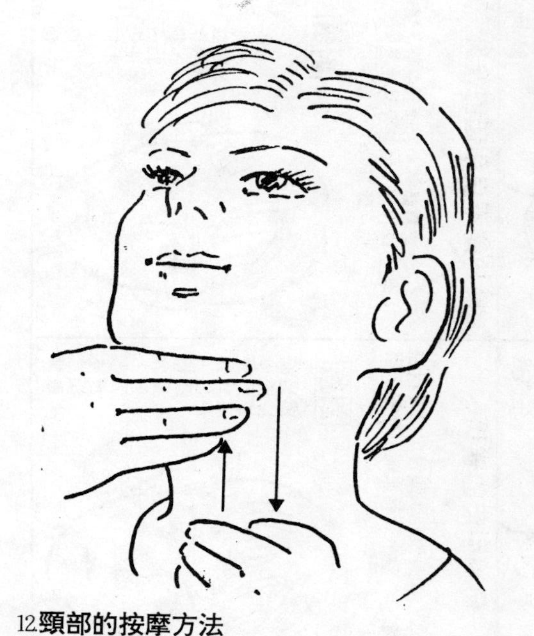

12. 頸部的按摩方法

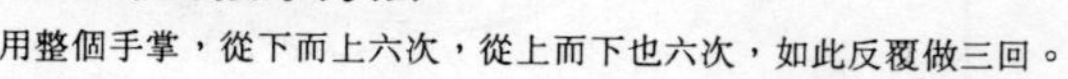

用整個手掌，從下而上六次，從上而下也六次，如此反覆做三回。

附　錄②

從臉上的雀斑、黑斑來檢查身體的毛病！

手腳冰冷、氣色不佳、婦女病引起的雀斑

額頭發青、肩膀僵硬、手腳冰冷。還有發燒、胃部不舒服。

對策

避免食用生冷食物（沒煮過的生菜、水果、果汁、冰淇淋）。如果很想吃請在中午以前。

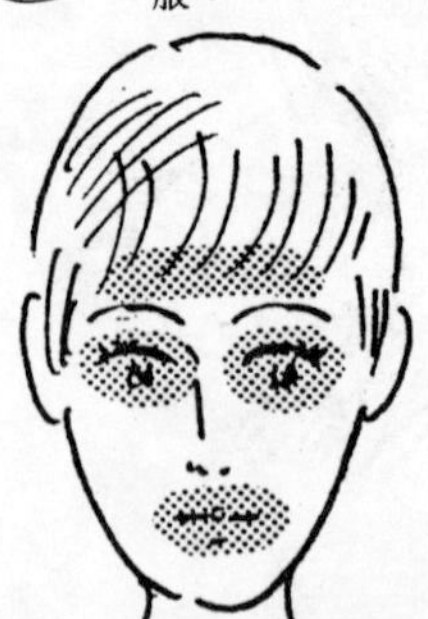

壓力引起的雀斑

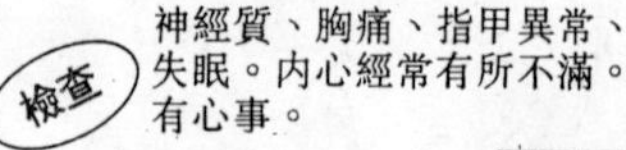

神經質、胸痛、指甲異常、失眠。內心經常有所不滿。有心事。

對策

從小豆或乳酪中攝取良好品質的蛋白質，從小魚之類的食品吸收大量鈣質。

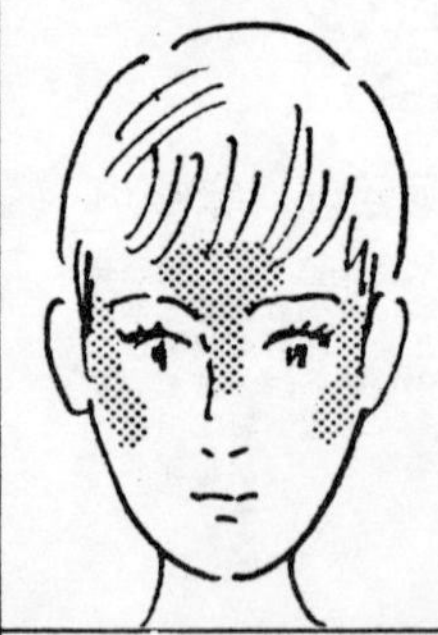

便秘引起的雀斑

頭昏眼花、頭重、皮膚粗糙。每天有排便卻不舒暢、腹脹。

對策

減少鹽分、糖分，多吃烹調過的黃綠色蔬菜、大量攝取纖維類成份。

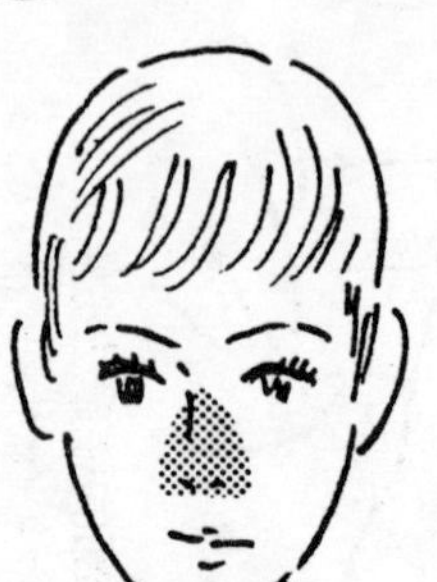

肝功能不良引起的雀斑

容易疲勞。舌頭長白苔。嘴巴很苦。眼睛容易疲勞、充血。睡覺時出汗。

對策

少吃油膩食物、奶油、肉類，多吃糙米、胚芽米。

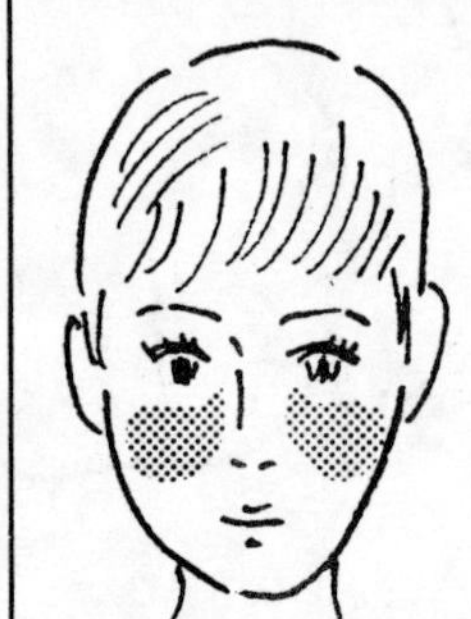

•法律專欄連載• 電腦編號 58

台大法學院　法律學系／策劃
法律服務社／編著

①別讓您的權利睡著了1	200元
②別讓您的權利睡著了2	200元

•秘傳占卜系列• 電腦編號 14

①手相術	淺野八郎著	150元
②人相術	淺野八郎著	150元
③西洋占星術	淺野八郎著	150元
④中國神奇占卜	淺野八郎著	150元
⑤夢判斷	淺野八郎著	150元
⑥前世、來世占卜	淺野八郎著	150元
⑦法國式血型學	淺野八郎著	150元
⑧靈感、符咒學	淺野八郎著	150元
⑨紙牌占卜學	淺野八郎著	150元
⑩ＥＳＰ超能力占卜	淺野八郎著	150元
⑪猶太數的秘術	淺野八郎著	150元
⑫新心理測驗	淺野八郎著	160元

•趣味心理講座• 電腦編號 15

①性格測驗１	探索男與女	淺野八郎著	140元
②性格測驗２	透視人心奧秘	淺野八郎著	140元
③性格測驗３	發現陌生的自己	淺野八郎著	140元
④性格測驗４	發現你的真面目	淺野八郎著	140元
⑤性格測驗５	讓你們吃驚	淺野八郎著	140元
⑥性格測驗６	洞穿心理盲點	淺野八郎著	140元
⑦性格測驗７	探索對方心理	淺野八郎著	140元
⑧性格測驗８	由吃認識自己	淺野八郎著	140元
⑨性格測驗９	戀愛知多少	淺野八郎著	140元

⑩性格測驗10　由裝扮瞭解人心	淺野八郎著	140元
⑪性格測驗11　敲開內心玄機	淺野八郎著	140元
⑫性格測驗12　透視你的未來	淺野八郎著	140元
⑬血型與你的一生	淺野八郎著	160元
⑭趣味推理遊戲	淺野八郎著	160元
⑮行爲語言解析	淺野八郎著	160元

•婦 幼 天 地• 電腦編號 16

①八萬人減肥成果	黃靜香譯	180元
②三分鐘減肥體操	楊鴻儒譯	150元
③窈窕淑女美髮秘訣	柯素娥譯	130元
④使妳更迷人	成　玉譯	130元
⑤女性的更年期	官舒妍編譯	160元
⑥胎內育兒法	李玉瓊編譯	150元
⑦早產兒袋鼠式護理	唐岱蘭譯	200元
⑧初次懷孕與生產	婦幼天地編譯組	180元
⑨初次育兒12個月	婦幼天地編譯組	180元
⑩斷乳食與幼兒食	婦幼天地編譯組	180元
⑪培養幼兒能力與性向	婦幼天地編譯組	180元
⑫培養幼兒創造力的玩具與遊戲	婦幼天地編譯組	180元
⑬幼兒的症狀與疾病	婦幼天地編譯組	180元
⑭腿部苗條健美法	婦幼天地編譯組	150元
⑮女性腰痛別忽視	婦幼天地編譯組	150元
⑯舒展身心體操術	李玉瓊編譯	130元
⑰三分鐘臉部體操	趙薇妮著	160元
⑱生動的笑容表情術	趙薇妮著	160元
⑲心曠神怡減肥法	川津祐介著	130元
⑳內衣使妳更美麗	陳玄茹譯	130元
㉑瑜伽美姿美容	黃靜香編著	150元
㉒高雅女性裝扮學	陳珮玲譯	180元
㉓蠶糞肌膚美顏法	坂梨秀子著	160元
㉔認識妳的身體	李玉瓊譯	160元
㉕產後恢復苗條體態	居理安•芙萊喬著	200元
㉖正確護髮美容法	山崎伊久江著	180元
㉗安琪拉美姿養生學	安琪拉蘭斯博瑞著	180元
㉘女體性醫學剖析	增田豐著	220元
㉙懷孕與生產剖析	岡部綾子著	180元
㉚斷奶後的健康育兒	東城百合子著	220元
㉛引出孩子幹勁的責罵藝術	多湖輝著	170元
㉜培養孩子獨立的藝術	多湖輝著	170元

㉝子宮肌瘤與卵巢囊腫	陳秀琳編著	180元
㉞下半身減肥法	納他夏・史達賓著	180元
㉟女性自然美容法	吳雅菁編著	180元

・青春天地・電腦編號17

①A血型與星座	柯素娥編譯	120元
②B血型與星座	柯素娥編譯	120元
③O血型與星座	柯素娥編譯	120元
④AB血型與星座	柯素娥編譯	120元
⑤青春期性教室	呂貴嵐編譯	130元
⑥事半功倍讀書法	王毅希編譯	150元
⑦難解數學破題	宋釗宜編譯	130元
⑧速算解題技巧	宋釗宜編譯	130元
⑨小論文寫作秘訣	林顯茂編譯	120元
⑪中學生野外遊戲	熊谷康編著	120元
⑫恐怖極短篇	柯素娥編譯	130元
⑬恐怖夜話	小毛驢編譯	130元
⑭恐怖幽默短篇	小毛驢編譯	120元
⑮黑色幽默短篇	小毛驢編譯	120元
⑯靈異怪談	小毛驢編譯	130元
⑰錯覺遊戲	小毛驢編譯	130元
⑱整人遊戲	小毛驢編著	150元
⑲有趣的超常識	柯素娥編譯	130元
⑳哦！原來如此	林慶旺編譯	130元
㉑趣味競賽100種	劉名揚編譯	120元
㉒數學謎題入門	宋釗宜編譯	150元
㉓數學謎題解析	宋釗宜編譯	150元
㉔透視男女心理	林慶旺編譯	120元
㉕少女情懷的自白	李桂蘭編譯	120元
㉖由兄弟姊妹看命運	李玉瓊編譯	130元
㉗趣味的科學魔術	林慶旺編譯	150元
㉘趣味的心理實驗室	李燕玲編譯	150元
㉙愛與性心理測驗	小毛驢編譯	130元
㉚刑案推理解謎	小毛驢編譯	130元
㉛偵探常識推理	小毛驢編譯	130元
㉜偵探常識解謎	小毛驢編譯	130元
㉝偵探推理遊戲	小毛驢編譯	130元
㉞趣味的超魔術	廖玉山編著	150元
㉟趣味的珍奇發明	柯素娥編著	150元
㊱登山用具與技巧	陳瑞菊編著	150元

・健康天地・電腦編號18

①壓力的預防與治療	柯素娥編譯	130元
②超科學氣的魔力	柯素娥編譯	130元
③尿療法治病的神奇	中尾良一著	130元
④鐵證如山的尿療法奇蹟	廖玉山譯	120元
⑤一日斷食健康法	葉慈容編譯	150元
⑥胃部強健法	陳炳崑譯	120元
⑦癌症早期檢查法	廖松濤譯	160元
⑧老人痴呆症防止法	柯素娥編譯	130元
⑨松葉汁健康飲料	陳麗芬編譯	130元
⑩揉肚臍健康法	永井秋夫著	150元
⑪過勞死、猝死的預防	卓秀貞編譯	130元
⑫高血壓治療與飲食	藤山順豐著	150元
⑬老人看護指南	柯素娥編譯	150元
⑭美容外科淺談	楊啟宏著	150元
⑮美容外科新境界	楊啟宏著	150元
⑯鹽是天然的醫生	西英司郎著	140元
⑰年輕十歲不是夢	梁瑞麟譯	200元
⑱茶料理治百病	桑野和民著	180元
⑲綠茶治病寶典	桑野和民著	150元
⑳杜仲茶養顏減肥法	西田博著	150元
㉑蜂膠驚人療效	瀨長良三郎著	150元
㉒蜂膠治百病	瀨長良三郎著	180元
㉓醫藥與生活	鄭炳全著	180元
㉔鈣長生寶典	落合敏著	180元
㉕大蒜長生寶典	木下繁太郎著	160元
㉖居家自我健康檢查	石川恭三著	160元
㉗永恒的健康人生	李秀鈴譯	200元
㉘大豆卵磷脂長生寶典	劉雪卿譯	150元
㉙芳香療法	梁艾琳譯	160元
㉚醋長生寶典	柯素娥譯	180元
㉛從星座透視健康	席拉・吉蒂斯著	180元
㉜愉悅自在保健學	野本二士夫著	160元
㉝裸睡健康法	丸山淳士等著	160元
㉞糖尿病預防與治療	藤田順豐著	180元
㉟維他命長生寶典	菅原明子著	180元
㊱維他命C新效果	鐘文訓編	150元
㊲手、腳病理按摩	堤芳郎著	160元
㊳AIDS瞭解與預防	彼得塔歐爾著	180元

㊴甲殼質殼聚糖健康法	沈永嘉譯	160元
㊵神經痛預防與治療	木下眞男著	160元
㊶室內身體鍛鍊法	陳炳崑編著	160元
㊷吃出健康藥膳	劉大器編著	180元
㊸自我指壓術	蘇燕謀編著	160元
㊹紅蘿蔔汁斷食療法	李玉瓊編著	150元
㊺洗心術健康秘法	竺翠萍編譯	170元
㊻枇杷葉健康療法	柯素娥編譯	180元
㊼抗衰血癒	楊啟宏著	180元
㊽與癌搏鬥記	逸見政孝著	180元
㊾冬蟲夏草長生寶典	高橋義博著	170元
㊿痔瘡・大腸疾病先端療法	宮島伸宜著	180元
51膠布治癒頑固慢性病	加瀨建造著	180元
52芝麻神奇健康法	小林貞作著	170元
53香煙能防止癡呆？	高田明和著	180元
54穀菜食治癌療法	佐藤成志著	180元

・實用女性學講座・電腦編號 19

①解讀女性內心世界	島田一男著	150元
②塑造成熟的女性	島田一男著	150元
③女性整體裝扮學	黃靜香編著	180元
④女性應對禮儀	黃靜香編著	180元

・校 園 系 列・電腦編號 20

①讀書集中術	多湖輝著	150元
②應考的訣竅	多湖輝著	150元
③輕鬆讀書贏得聯考	多湖輝著	150元
④讀書記憶秘訣	多湖輝著	150元
⑤視力恢復！超速讀術	江錦雲譯	180元
⑥讀書36計	黃柏松編著	180元
⑦驚人的速讀術	鐘文訓編著	170元

・實用心理學講座・電腦編號 21

①拆穿欺騙伎倆	多湖輝著	140元
②創造好構想	多湖輝著	140元
③面對面心理術	多湖輝著	160元
④僞裝心理術	多湖輝著	140元
⑤透視人性弱點	多湖輝著	140元

⑥自我表現術	多湖輝著	150元
⑦不可思議的人性心理	多湖輝著	150元
⑧催眠術入門	多湖輝著	150元
⑨責罵部屬的藝術	多湖輝著	150元
⑩精神力	多湖輝著	150元
⑪厚黑說服術	多湖輝著	150元
⑫集中力	多湖輝著	150元
⑬構想力	多湖輝著	150元
⑭深層心理術	多湖輝著	160元
⑮深層語言術	多湖輝著	160元
⑯深層說服術	多湖輝著	180元
⑰掌握潛在心理	多湖輝著	160元
⑱洞悉心理陷阱	多湖輝著	180元
⑲解讀金錢心理	多湖輝著	180元
⑳拆穿語言圈套	多湖輝著	180元
㉑語言的心理戰	多湖輝著	180元

・超現實心理講座・電腦編號 22

①超意識覺醒法	詹蔚芬編譯	130元
②護摩秘法與人生	劉名揚編譯	130元
③秘法！超級仙術入門	陸　明譯	150元
④給地球人的訊息	柯素娥編著	150元
⑤密教的神通力	劉名揚編著	130元
⑥神秘奇妙的世界	平川陽一著	180元
⑦地球文明的超革命	吳秋嬌譯	200元
⑧力量石的秘密	吳秋嬌譯	180元
⑨超能力的靈異世界	馬小莉譯	200元
⑩逃離地球毀滅的命運	吳秋嬌譯	200元
⑪宇宙與地球終結之謎	南山宏著	200元
⑫驚世奇功揭秘	傅起鳳著	200元
⑬啟發身心潛力心象訓練法	栗田昌裕著	180元
⑭仙道術遁甲法	高藤聰一郎著	220元
⑮神通力的秘密	中岡俊哉著	180元

・養 生 保 健・電腦編號 23

①醫療養生氣功	黃孝寬著	250元
②中國氣功圖譜	余功保著	230元
③少林醫療氣功精粹	井玉蘭著	250元
④龍形實用氣功	吳大才等著	220元

⑤魚戲增視強身氣功	宮　嬰著	220元
⑥嚴新氣功	前新培金著	250元
⑦道家玄牝氣功	張　章著	200元
⑧仙家秘傳袪病功	李遠國著	160元
⑨少林十大健身功	秦慶豐著	180元
⑩中國自控氣功	張明武著	250元
⑪醫療防癌氣功	黃孝寬著	250元
⑫醫療強身氣功	黃孝寬著	250元
⑬醫療點穴氣功	黃孝寬著	250元
⑭中國八卦如意功	趙維漢著	180元
⑮正宗馬禮堂養氣功	馬禮堂著	420元
⑯秘傳道家筋經內丹功	王慶餘著	280元
⑰三元開慧功	辛桂林著	250元
⑱防癌治癌新氣功	郭　林著	180元
⑲禪定與佛家氣功修煉	劉天君著	200元
⑳顛倒之術	梅自強著	元
㉑簡明氣功辭典	吳家駿編	元

・社會人智囊・電腦編號 24

①糾紛談判術	淸水增三著	160元
②創造關鍵術	淺野八郎著	150元
③觀人術	淺野八郎著	180元
④應急詭辯術	廖英迪編著	160元
⑤天才家學習術	木原武一著	160元
⑥猫型狗式鑑人術	淺野八郎著	180元
⑦逆轉運掌握術	淺野八郎著	180元
⑧人際圓融術	澀谷昌三著	160元
⑨解讀人心術	淺野八郎著	180元
⑩與上司水乳交融術	秋元隆司著	180元
⑪男女心態定律	小田晉著	180元
⑫幽默說話術	林振輝編著	200元
⑬人能信賴幾分	淺野八郎著	180元
⑭我一定能成功	李玉瓊譯	元
⑮獻給青年的嘉言	陳蒼杰譯	元
⑯知人、知面、知其心	林振輝編著	元

・精 選 系 列・電腦編號 25

①毛澤東與鄧小平	渡邊利夫等著	280元
②中國大崩裂	江戶介雄著	180元

③台灣・亞洲奇蹟　上村幸治著　220元
④7-ELEVEN高盈收策略　國友隆一著　180元
⑤台灣獨立　森　詠著　200元
⑥迷失中國的末路　江戶雄介著　220元
⑦2000年5月全世界毀滅　紫藤甲子男著　180元

・運 動 遊 戲・電腦編號26

①雙人運動　李玉瓊譯　160元
②愉快的跳繩運動　廖玉山譯　180元
③運動會項目精選　王佑京譯　150元
④肋木運動　廖玉山譯　150元
⑤測力運動　王佑宗譯　150元

・銀髮族智慧學・電腦編號28

①銀髮六十樂逍遙　多湖輝著　170元
②人生六十反年輕　多湖輝著　170元
③六十歲的決斷　多湖輝著　170元

・心 靈 雅 集・電腦編號00

①禪言佛語看人生　松濤弘道著　180元
②禪密教的奧秘　葉逯謙譯　120元
③觀音大法力　田口日勝著　120元
④觀音法力的大功德　田口日勝著　120元
⑤達摩禪106智慧　劉華亭編譯　150元
⑥有趣的佛教研究　葉逯謙編譯　120元
⑦夢的開運法　蕭京凌譯　130元
⑧禪學智慧　柯素娥編譯　130元
⑨女性佛教入門　許俐萍譯　110元
⑩佛像小百科　心靈雅集編譯組　130元
⑪佛教小百科趣談　心靈雅集編譯組　120元
⑫佛教小百科漫談　心靈雅集編譯組　150元
⑬佛教知識小百科　心靈雅集編譯組　150元
⑭佛學名言智慧　松濤弘道著　220元
⑮釋迦名言智慧　松濤弘道著　220元
⑯活人禪　平田精耕著　120元
⑰坐禪入門　柯素娥編譯　150元
⑱現代禪悟　柯素娥編譯　130元
⑲道元禪師語錄　心靈雅集編譯組　130元

⑳佛學經典指南	心靈雅集編譯組	130元
㉑何謂「生」 阿含經	心靈雅集編譯組	150元
㉒一切皆空 般若心經	心靈雅集編譯組	150元
㉓超越迷惘 法句經	心靈雅集編譯組	130元
㉔開拓宇宙觀 華嚴經	心靈雅集編譯組	130元
㉕真實之道 法華經	心靈雅集編譯組	130元
㉖自由自在 涅槃經	心靈雅集編譯組	130元
㉗沈默的教示 維摩經	心靈雅集編譯組	150元
㉘開通心眼 佛語佛戒	心靈雅集編譯組	130元
㉙揭秘寶庫 密教經典	心靈雅集編譯組	130元
㉚坐禪與養生	廖松濤譯	110元
㉛釋尊十戒	柯素娥編譯	120元
㉜佛法與神通	劉欣如編著	120元
㉝悟（正法眼藏的世界）	柯素娥編譯	120元
㉞只管打坐	劉欣如編著	120元
㉟喬答摩・佛陀傳	劉欣如編著	120元
㊱唐玄奘留學記	劉欣如編著	120元
㊲佛教的人生觀	劉欣如編譯	110元
㊳無門關（上卷）	心靈雅集編譯組	150元
㊴無門關（下卷）	心靈雅集編譯組	150元
㊵業的思想	劉欣如編著	130元
㊶佛法難學嗎	劉欣如著	140元
㊷佛法實用嗎	劉欣如著	140元
㊸佛法殊勝嗎	劉欣如著	140元
㊹因果報應法則	李常傳編	140元
㊺佛教醫學的奧秘	劉欣如編著	150元
㊻紅塵絕唱	海　若著	130元
㊼佛教生活風情	洪丕謨、姜玉珍著	220元
㊽行住坐臥有佛法	劉欣如著	160元
㊾起心動念是佛法	劉欣如著	160元
㊿四字禪語	曹洞宗青年會	200元
(51)妙法蓮華經	劉欣如編著	160元
(52)根本佛教與大乘佛教	葉作森編	180元

・經 營 管 理・電腦編號 01

◎創新經營六十六大計（精）	蔡弘文編	780元
①如何獲取生意情報	蘇燕謀譯	110元
②經濟常識問答	蘇燕謀譯	130元
④台灣商戰風雲錄	陳中雄著	120元
⑤推銷大王秘錄	原一平著	180元

⑥新創意・賺大錢	王家成譯	90元
⑦工廠管理新手法	琪　輝著	120元
⑨經營參謀	柯順隆譯	120元
⑩美國實業24小時	柯順隆譯	80元
⑪撼動人心的推銷法	原一平著	150元
⑫高竿經營法	蔡弘文編	120元
⑬如何掌握顧客	柯順隆譯	150元
⑭一等一賺錢策略	蔡弘文編	120元
⑯成功經營妙方	鐘文訓著	120元
⑰一流的管理	蔡弘文編	150元
⑱外國人看中韓經濟	劉華亭譯	150元
⑳突破商場人際學	林振輝編著	90元
㉑無中生有術	琪輝編著	140元
㉒如何使女人打開錢包	林振輝編著	100元
㉓操縱上司術	邑井操著	90元
㉔小公司經營策略	王嘉誠著	160元
㉕成功的會議技巧	鐘文訓編譯	100元
㉖新時代老闆學	黃柏松編著	100元
㉗如何創造商場智囊團	林振輝編譯	150元
㉘十分鐘推銷術	林振輝編譯	180元
㉙五分鐘育才	黃柏松編譯	100元
㉚成功商場戰術	陸明編譯	100元
㉛商場談話技巧	劉華亭編譯	120元
㉜企業帝王學	鐘文訓譯	90元
㉝自我經濟學	廖松濤編譯	100元
㉞一流的經營	陶田生編著	120元
㉟女性職員管理術	王昭國編譯	120元
㊱ＩＢＭ的人事管理	鐘文訓編譯	150元
㊲現代電腦常識	王昭國編譯	150元
㊳電腦管理的危機	鐘文訓編譯	120元
㊴如何發揮廣告效果	王昭國編譯	150元
㊵最新管理技巧	王昭國編譯	150元
㊶一流推銷術	廖松濤編譯	150元
㊷包裝與促銷技巧	王昭國編譯	130元
㊸企業王國指揮塔	松下幸之助著	120元
㊹企業精銳兵團	松下幸之助著	120元
㊺企業人事管理	松下幸之助著	100元
㊻華僑經商致富術	廖松濤編譯	130元
㊼豐田式銷售技巧	廖松濤編譯	180元
㊽如何掌握銷售技巧	王昭國編著	130元
㊿洞燭機先的經營	鐘文訓編譯	150元

㊾新世紀的服務業	鐘文訓編譯	100元
㊿成功的領導者	廖松濤編譯	120元
㊸女推銷員成功術	李玉瓊編譯	130元
㊹ＩＢＭ人才培育術	鐘文訓編譯	100元
㊺企業人自我突破法	黃琪輝編著	150元
㊻財富開發術	蔡弘文編著	130元
㊼成功的店舖設計	鐘文訓編著	150元
㊽企管回春法	蔡弘文編著	130元
㊾小企業經營指南	鐘文訓編譯	100元
㊿商場致勝名言	鐘文訓編譯	150元
㊹迎接商業新時代	廖松濤編譯	100元
㊻新手股票投資入門	何朝乾　編	180元
㊼上揚股與下跌股	何朝乾編譯	180元
㊽股票速成學	何朝乾編譯	200元
㊾理財與股票投資策略	黃俊豪編著	180元
㊿黃金投資策略	黃俊豪編著	180元
㊶厚黑管理學	廖松濤編譯	180元
㊷股市致勝格言	呂梅莎編譯	180元
㊸透視西武集團	林谷燁編譯	150元
㊻巡迴行銷術	陳蒼杰譯	150元
㊼推銷的魔術	王嘉誠譯	120元
㊽60秒指導部屬	周蓮芬編譯	150元
㊾精銳女推銷員特訓	李玉瓊編譯	130元
㊿企劃、提案、報告圖表的技巧	鄭　汶　譯	180元
㊶海外不動產投資	許達守編譯	150元
㊷八百件的世界策略	李玉瓊譯	150元
㊸服務業品質管理	吳宜芬譯	180元
㊹零庫存銷售	黃東謙編譯	150元
㊺三分鐘推銷管理	劉名揚編譯	150元
㊻推銷大王奮鬥史	原一平著	150元
㊼豐田汽車的生產管理	林谷燁編譯	150元

•成功寶庫•電腦編號02

①上班族交際術	江森滋著	100元
②拍馬屁訣竅	廖玉山編譯	110元
④聽話的藝術	歐陽輝編譯	110元
⑨求職轉業成功術	陳　義編著	110元
⑩上班族禮儀	廖玉山編著	120元
⑪接近心理學	李玉瓊編著	100元
⑫創造自信的新人生	廖松濤編著	120元

⑭上班族如何出人頭地	廖松濤編著	100元
⑮神奇瞬間瞑想法	廖松濤編譯	100元
⑯人生成功之鑰	楊意苓編著	150元
⑲給企業人的諍言	鐘文訓編著	120元
⑳企業家自律訓練法	陳　義編譯	100元
㉑上班族妖怪學	廖松濤編著	100元
㉒猶太人縱橫世界的奇蹟	孟佑政編著	110元
㉓訪問推銷術	黃静香編著	130元
㉕你是上班族中強者	嚴思圖編著	100元
㉖向失敗挑戰	黃静香編著	100元
㉙機智應對術	李玉瓊編著	130元
㉚成功頓悟100則	蕭京凌編譯	130元
㉛掌握好運100則	蕭京凌編譯	110元
㉜知性幽默	李玉瓊編譯	130元
㉝熟記對方絕招	黃静香編譯	100元
㉞男性成功秘訣	陳蒼杰編譯	130元
㊱業務員成功秘方	李玉瓊編著	120元
㊲察言觀色的技巧	劉華亭編著	130元
㊳一流領導力	施義彥編譯	120元
㊴一流說服力	李玉瓊編著	130元
㊵30秒鐘推銷術	廖松濤編譯	150元
㊶猶太成功商法	周蓮芬編譯	120元
㊷尖端時代行銷策略	陳蒼杰編著	100元
㊸顧客管理學	廖松濤編著	100元
㊹如何使對方說Yes	程　羲編著	150元
㊺如何提高工作效率	劉華亭編著	150元
㊼上班族口才學	楊鴻儒譯	120元
㊽上班族新鮮人須知	程　羲編著	120元
㊾如何左右逢源	程　羲編著	130元
㊿語言的心理戰	多湖輝著	130元
51扣人心弦演說術	劉名揚編著	120元
53如何增進記憶力、集中力	廖松濤譯	130元
55性惡企業管理學	陳蒼杰譯	130元
56自我啟發200招	楊鴻儒編著	150元
57做個傑出女職員	劉名揚編著	130元
58靈活的集團營運術	楊鴻儒編著	120元
60個案研究活用法	楊鴻儒編著	130元
61企業教育訓練遊戲	楊鴻儒編著	120元
62管理者的智慧	程　義編譯	130元
63做個佼佼管理者	馬筱莉編譯	130元
64智慧型說話技巧	沈永嘉編譯	130元

⑥⑥活用佛學於經營	松濤弘道著	150元
⑥⑦活用禪學於企業	柯素娥編譯	130元
⑥⑧詭辯的智慧	沈永嘉編譯	150元
⑥⑨幽默詭辯術	廖玉山編譯	150元
⑦⓪拿破崙智慧箴言	柯素娥編譯	130元
⑦①自我培育・超越	蕭京凌編譯	150元
⑦④時間即一切	沈永嘉編譯	130元
⑦⑤自我脫胎換骨	柯素娥譯	150元
⑦⑥贏在起跑點—人才培育鐵則	楊鴻儒編譯	150元
⑦⑦做一枚活棋	李玉瓊編譯	130元
⑦⑧面試成功戰略	柯素娥編譯	130元
⑦⑨自我介紹與社交禮儀	柯素娥編譯	150元
⑧⓪說NO的技巧	廖玉山編譯	130元
⑧①瞬間攻破心防法	廖玉山編譯	120元
⑧②改變一生的名言	李玉瓊編譯	130元
⑧③性格性向創前程	楊鴻儒編譯	130元
⑧④訪問行銷新竅門	廖玉山編譯	150元
⑧⑤無所不達的推銷話術	李玉瓊編譯	150元

・處世智慧・電腦編號 03

①如何改變你自己	陸明編譯	120元
④幽默說話術	林振輝編譯	120元
⑤讀書36計	黃柏松編譯	120元
⑥靈感成功術	譚繼山編譯	80元
⑧扭轉一生的五分鐘	黃柏松編譯	100元
⑨知人、知面、知其心	林振輝譯	110元
⑩現代人的詭計	林振輝譯	100元
⑫如何利用你的時間	蘇遠謀譯	80元
⑬口才必勝術	黃柏松編譯	120元
⑭女性的智慧	譚繼山編譯	90元
⑮如何突破孤獨	張文志編譯	80元
⑯人生的體驗	陸明編譯	80元
⑰微笑社交術	張芳明譯	90元
⑱幽默吹牛術	金子登著	90元
⑲攻心說服術	多湖輝著	100元
⑳當機立斷	陸明編譯	70元
㉑勝利者的戰略	宋恩臨編譯	80元
㉒如何交朋友	安紀芳編著	70元
㉓鬥智奇謀（諸葛孔明兵法）	陳炳崑著	70元
㉔慧心良言	亦　奇著	80元

㉕名家慧語	蔡逸鴻主編	90元
㉗稱霸者啟示金言	黃柏松編譯	90元
㉘如何發揮你的潛能	陸明編譯	90元
㉙女人身態語言學	李常傳譯	130元
㉚摸透女人心	張文志譯	90元
㉛現代戀愛秘訣	王家成譯	70元
㉜給女人的悄悄話	妮倩編譯	90元
㉞如何開拓快樂人生	陸明編譯	90元
㉟驚人時間活用法	鐘文訓譯	80元
㊱成功的捷徑	鐘文訓譯	70元
㊲幽默逗笑術	林振輝著	120元
㊳活用血型讀書法	陳炳崑譯	80元
㊴心　燈	葉于模著	100元
㊵當心受騙	林顯茂譯	90元
㊶心・體・命運	蘇燕謀譯	70元
㊷如何使頭腦更敏銳	陸明編譯	70元
㊸宮本武藏五輪書金言錄	宮本武藏著	100元
㊺勇者的智慧	黃柏松編譯	80元
㊼成熟的愛	林振輝譯	120元
㊽現代女性駕馭術	蔡德華著	90元
㊾禁忌遊戲	酒井潔著	90元
52摸透男人心	劉華亭編譯	80元
53如何達成願望	謝世輝著	90元
54創造奇蹟的「想念法」	謝世輝著	90元
55創造成功奇蹟	謝世輝著	90元
56男女幽默趣典	劉華亭譯	90元
57幻想與成功	廖松濤譯	80元
58反派角色的啟示	廖松濤編譯	70元
59現代女性須知	劉華亭編著	75元
61機智說話術	劉華亭編譯	100元
62如何突破內向	姜倩怡編譯	110元
64讀心術入門	王家成編譯	100元
65如何解除內心壓力	林美羽編著	110元
66取信於人的技巧	多湖輝著	110元
67如何培養堅強的自我	林美羽編著	90元
68自我能力的開拓	卓一凡編著	110元
70縱橫交涉術	嚴思圖編著	90元
71如何培養妳的魅力	劉文珊編著	90元
72魅力的力量	姜倩怡編著	90元
73金錢心理學	多湖輝著	100元
74語言的圈套	多湖輝著	110元

⑮個性膽怯者的成功術	廖松濤編譯	100元
⑯人性的光輝	文可式編著	90元
⑲培養靈敏頭腦秘訣	廖玉山編著	90元
⑳夜晚心理術	鄭秀美編譯	80元
㉑如何做個成熟的女性	李玉瓊編著	80元
㉒現代女性成功術	劉文珊編著	90元
㉓成功說話技巧	梁惠珠編譯	100元
㉔人生的真諦	鐘文訓編譯	100元
㉕妳是人見人愛的女孩	廖松濤編著	120元
㉗指尖・頭腦體操	蕭京凌編譯	90元
㉘電話應對禮儀	蕭京凌編著	120元
㉙自我表現的威力	廖松濤編譯	100元
㉚名人名語啟示錄	喬家楓編著	100元
㉛男與女的哲思	程鐘梅編譯	110元
㉜靈思慧語	牧 風著	110元
㉝心靈夜語	牧 風著	100元
㉞激盪腦力訓練	廖松濤編譯	100元
㉟三分鐘頭腦活性法	廖玉山編譯	110元
㊱星期一的智慧	廖玉山編譯	100元
㊲溝通說服術	賴文琇編譯	100元
㊳超速讀超記憶法	廖松濤編譯	140元

・健康與美容・電腦編號 04

①B型肝炎預防與治療	曾慧琪譯	130元
③媚酒傳（中國王朝秘酒）	陸明主編	120元
④藥酒與健康果菜汁	成玉主編	150元
⑤中國回春健康術	蔡一藩著	100元
⑥奇蹟的斷食療法	蘇燕謀譯	110元
⑧健美食物法	陳炳崑譯	120元
⑨驚異的漢方療法	唐龍編著	90元
⑩不老強精食	唐龍編著	100元
⑫五分鐘跳繩健身法	蘇明達譯	100元
⑬睡眠健康法	王家成譯	80元
⑭你就是名醫	張芳明譯	90元
⑮如何保護你的眼睛	蘇燕謀譯	70元
⑲釋迦長壽健康法	譚繼山譯	90元
⑳腳部按摩健康法	譚繼山譯	120元
㉑自律健康法	蘇明達譯	90元
㉓身心保健座右銘	張仁福著	160元
㉔腦中風家庭看護與運動治療	林振輝譯	100元

㉕秘傳醫學人相術	成玉主編	120元
㉖導引術入門(1)治療慢性病	成玉主編	110元
㉗導引術入門(2)健康・美容	成玉主編	110元
㉘導引術入門(3)身心健康法	成玉主編	110元
㉙妙用靈藥・蘆薈	李常傳譯	150元
㉚萬病回春百科	吳通華著	150元
㉛初次懷孕的10個月	成玉編譯	130元
㉜中國秘傳氣功治百病	陳炳崑編譯	130元
㉟仙人長生不老學	陸明編譯	100元
㊱釋迦秘傳米粒刺激法	鐘文訓譯	120元
㊲痔・治療與預防	陸明編譯	130元
㊳自我防身絕技	陳炳崑編譯	120元
㊴運動不足時疲勞消除法	廖松濤譯	110元
㊵三溫暖健康法	鐘文訓編譯	90元
㊸維他命與健康	鐘文訓譯	150元
㊺森林浴—綠的健康法	劉華亭編譯	80元
㊼導引術入門(4)酒浴健康法	成玉主編	90元
㊽導引術入門(5)不老回春法	成玉主編	90元
㊾山白竹（劍竹）健康法	鐘文訓譯	90元
㊿解救你的心臟	鐘文訓編譯	100元
51牙齒保健法	廖玉山譯	90元
52超人氣功法	陸明編譯	110元
54借力的奇蹟(1)	力拔山著	100元
55借力的奇蹟(2)	力拔山著	100元
56五分鐘小睡健康法	呂添發撰	120元
57禿髮、白髮預防與治療	陳炳崑撰	120元
59艾草健康法	張汝明編譯	90元
60一分鐘健康診斷	蕭京凌編譯	90元
61念術入門	黃靜香編譯	90元
62念術健康法	黃靜香編譯	90元
63健身回春法	梁惠珠編譯	100元
64姿勢養生法	黃秀娟編譯	90元
65仙人瞑想法	鐘文訓譯	120元
66人蔘的神效	林慶旺譯	100元
67奇穴治百病	吳通華著	120元
68中國傳統健康法	靳海東著	100元
69下半身減肥法	納他夏・史達賓著	110元
70使妳的肌膚更亮麗	楊　皓編譯	100元
71酵素健康法	楊　皓編譯	120元
73腰痛預防與治療	五味雅吉著	100元
74如何預防心臟病・腦中風	譚定長等著	100元

⑮少女的生理秘密	蕭京凌譯	120元
⑯頭部按摩與針灸	楊鴻儒譯	100元
⑰雙極療術入門	林聖道著	100元
⑱氣功自療法	梁景蓮著	120元
⑲大蒜健康法	李玉瓊編譯	100元
㉛健胸美容秘訣	黃靜香譯	120元
㉜鍺奇蹟療效	林宏儒譯	120元
㉝三分鐘健身運動	廖玉山譯	120元
㉞尿療法的奇蹟	廖玉山譯	120元
㉟神奇的聚積療法	廖玉山譯	120元
㊱預防運動傷害伸展體操	楊鴻儒編譯	120元
㊳五日就能改變你	柯素娥譯	110元
㊴三分鐘氣功健康法	陳美華譯	120元
㊵痛風劇痛消除法	余昇凌譯	120元
㊶道家氣功術	早島正雄著	130元
㊷氣功減肥術	早島正雄著	120元
㊸超能力氣功法	柯素娥譯	130元
㊹氣的瞑想法	早島正雄著	120元

・家庭／生活・電腦編號05

①單身女郎生活經驗談	廖玉山編著	100元
②血型・人際關係	黃靜編著	120元
③血型・妻子	黃靜編著	110元
④血型・丈夫	廖玉山編譯	130元
⑤血型・升學考試	沈永嘉編譯	120元
⑥血型・臉型・愛情	鐘文訓編譯	120元
⑦現代社交須知	廖松濤編譯	100元
⑧簡易家庭按摩	鐘文訓編譯	150元
⑨圖解家庭看護	廖玉山編譯	120元
⑩生男育女隨心所欲	岡正基編著	160元
⑪家庭急救治療法	鐘文訓編著	100元
⑫新孕婦體操	林曉鐘譯	120元
⑬從食物改變個性	廖玉山編譯	100元
⑭藥草的自然療法	東城百合子著	200元
⑮糙米菜食與健康料理	東城百合子著	180元
⑯現代人的婚姻危機	黃　靜編著	90元
⑰親子遊戲　0歲	林慶旺編譯	100元
⑱親子遊戲　1～2歲	林慶旺編譯	110元
⑲親子遊戲　3歲	林慶旺編譯	100元
⑳女性醫學新知	林曉鐘編譯	130元

大展好書 好書大展